海水介质中 60NiTi 合金的腐蚀磨损机理及防护

燕 超 著

中国原子能出版社

图书在版编目（CIP）数据

海水介质中 60NiTi 合金的腐蚀磨损机理及防护 / 燕
超著. --北京：中国原子能出版社，2024.1
ISBN 978-7-5221-3316-4

Ⅰ. ①海… Ⅱ. ①燕… Ⅲ. ①海水腐蚀–电化学–研
究 Ⅳ. ①TG172.5

中国国家版本馆 CIP 数据核字（2023）第 254790 号

海水介质中 60NiTi 合金的腐蚀磨损机理及防护

出版发行	中国原子能出版社（北京市海淀区阜成路 43 号　100048）
责任编辑	张　磊
责任印制	赵　明
印　　刷	北京天恒嘉业印刷有限公司
经　　销	全国新华书店
开　　本	787 mm×1092 mm　1/16
印　　张	9.75
字　　数	183 千字
版　　次	2023 年 12 月第 1 版　2023 年 12 月第 1 次印刷
书　　号	ISBN 978-7-5221-3316-4　　定　价　**60.00 元**

网址：http://www.aep.com.cn　　　　**E-mail：atomep123@126.com**
发行电话：010-68452845

作者简介

    燕超，男，汉族，1989 年 10 月出生，山西太原人，工学博士。现为中北大学机械工程学院教师，先进制造技术山西省重点实验室骨干成员。目前主要从事海洋环境下相对运动部件表面复杂多因素强耦合损伤及其防护方面的应用基础研究。主持省部级基础研究计划项目 2 项，参与国家自然科技基金 1 项。相关成果以第一作者在 *Applied Surface Science*、*Tribology International*、*Journal of Materials Science* 等高水平杂志上发表 SCI 论文 8 篇，获"第十届 NSK 机械工程学优秀论文成果奖"1 项。

前　言

　　海洋是人类赖以生存的根基，是 21 世纪强国战略的主阵地。激发我国海洋装备自主研发潜力，努力完善海洋装备保障体系，是实施和推进国家海洋战略的重要保障，更是抢占战略制高点的关键。60NiTi 金属间化合物是新一代抗磨耐蚀轻质摩擦副材料，其典型特点为密度低、比强度高、硬度大、无磁性、尺寸稳定性好以及耐蚀性强。因而，自问世以来在海洋工程领域的应用就受到了极大关注。

　　本书基于我国海洋战略不断推进的需求，结合目前国内外海洋装备关键摩擦副材料腐蚀磨损耦合效应的研究现状，探索潜在海洋摩擦副材料60NiTi 合金在工况载荷、表界面摩擦等力学因素和海水电化学腐蚀耦合作用下的钝化-去钝化-再钝化循环演变过程，着重考察电化学腐蚀效应对摩擦应力诱发微裂纹萌生、扩散乃至剪切剥离等的影响，建立海水环境中 60NiTi合金的腐蚀磨损耦合机制，并初步探索了 60NiTi 合金抗腐蚀磨损耦合损伤能力提高的有效途径。

　　本书选题较为新颖，条理科学合理，论述严谨详实，对于海洋环境下相对运动部件表面磨蚀过程力-电化学耦合损伤及其防护领域的研究工作具有一定参考价值，可作为相关专业科研学者和工作人员的参考用书。

　　笔者在本书的写作过程中，参考引用了许多国内外学者的相关研究成果，也得到了许多专家和同行的帮助和支持，在此表示诚挚的感谢。由于笔者的专业领域和实验环境所限，加之笔者研究水平有限，本书难以做到全面系统，谬误之处在所难免，敬请同行和读者提出宝贵意见。

目　录

1 绪 论

1.1 研究背景及意义

海洋是人类赖以生存的根基，是 21 世纪强国战略的主阵地。激发我国海洋装备自主研发潜力，努力完善海洋装备保障体系，是实施和推进国家海洋战略的重要保障，更是抢占战略制高点的关键。

海洋装备长期服役于高盐、高湿的天然电解质中，遭受工程材料腐蚀失效的巨大威胁，而对于在海水介质中服役的摩擦副，所面临的挑战更加严峻。如海水液压传动系统[1]，海水淡化装置的阀门[2]，潮汐能和波浪能发电装置的涡轮叶片[3]和船舰水润滑艉轴及其滑动支撑轴承[4,5]等，服役期间直接暴露于海水介质中，受到电化学腐蚀和机械磨损的双重作用，导致严重的腐蚀磨损耦合损伤效应，摩擦组件往往在未达到设计寿命的情况下就已失效，造成了沉重的后勤保障负担和巨大的经济损失，同时也给海洋装备的稳定性、安全性和可靠性带来潜在威胁。

有国外统计数据表明[6]，摩擦磨损造成的经济损失占工业化国家国民生产总值（GNP）的 6%到 10%，机械磨损造成的故障占机械系统总故障的 30%，而腐蚀磨损造成的材料损耗占机械部件中总损耗的 10%，与纯腐蚀造成的材料损耗相当。国内虽无相关统计数据，但可通过与发达国家的工业化水平对比进行预测。自改革开放以来，我国工业化建设取得了举世瞩目的成就，经济也得到了飞速发展。然而，据《2014—2015 机械工程学科发展报告·摩擦学》报告显示[7]，我国单位国内生产总值（GDP）所需能耗是世界平均水平的 2.2 倍、欧盟的 4 倍、日本的 8 倍。显然，我国工业化水平与西方老牌工业强化还有不小的差距。由此可推断，国内因腐蚀磨损造成的材料损耗占机械部件总材料损耗的比重也不会低于 10%。

随着我国面向 2035 的海洋工程科学发展架构的提出[8]，大力推进先进海洋装备的"中国制造"势在必行，解决海洋环境下金属及其合金运动部件的腐蚀磨损问题，是保障海洋装备稳定、安全、经济以及高效的运行的关键之一。因此，研究潜在海洋工程材料在海水介质中的腐蚀磨损行为，阐明腐蚀磨损过程中腐蚀与磨损的交互演变机理，探索经济、高效的防护措施，具有重要的经济意义和战略价值。

1.2　腐蚀磨损

腐蚀磨损是一门研究活性环境介质（包括海洋大气、海水、体液以及微生物体等）的化学/电化学因素对机械相对运动组件摩擦、磨损行为影响规律的学科[6]。为了更好地理解腐蚀磨损研究的复杂性和特殊性，有必要简要回顾一下摩擦学和腐蚀科学的研究特点。

摩擦学是研究自然界系统中摩擦学元素（相对运动、相互作用诸表面及参与作用的介质）的行为及结果的科学，以及有关的应用技术[9]。摩擦学问题的研究，不仅要考虑构成摩擦体系的组元，确定各组元之间的关系，明确摩擦体系所处的工况介质，而且还要特别关注摩擦组元材料的机械性能（包括硬度、弹性极限、机械强度、弹性模量、剪切模量、残余应力、塑性变形以及断裂韧性等）和表面特性（如表面粗糙度、表面能、分子吸附、化学反应以及表面膜等）[6]。可见，摩擦学问题影响因素多，涉及学科广，综合多学科分析是摩擦学研究的主要特征。

腐蚀科学主要研究金属/非金属材料与环境介质相互作用过程中发生的化学/电化学破坏过程，失效演变机理及其防护。腐蚀问题的研究主要借助电化学电位（腐蚀电位）和电流（腐蚀电流）来评估材料表面与环境介质的反应活性以及反应性随时间的演变过程。腐蚀反应往往会引起材料表面组成的改变，这不仅会导致功能材料的性能退化（材料损失或增加裂纹敏感性），还会使得环境介质发生改变，进而使腐蚀体系更加复杂化。腐蚀问题研究的关键在于如何在实验室条件下准确地模拟实际应用中工程材料与环境介质的相互作用，因为材料或者环境介质中任何外来物都会显著影响其腐蚀行为[6]。

机械磨损和腐蚀是引起材料表面损伤的两个过程，当这两种损伤过程同时发生时，即机械运动部件浸没在腐蚀介质中发生相对运动时，造成的表面损伤过程称之为"腐蚀磨损"。腐蚀磨损体系的示意图如图 1-1 所示。

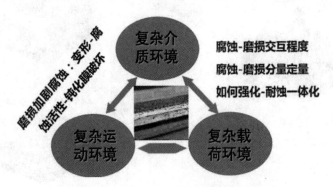

图 1-1　腐蚀磨损体系示意图[4]

　　许多研究表明[10-15]，材料表面的腐蚀磨损损伤过程绝不是磨损和腐蚀损伤的简单叠加，摩擦效应可增加材料表面对腐蚀介质的敏感性（磨损加速腐蚀），而腐蚀反应会恶化摩擦组元间的摩擦学性能（腐蚀加速磨损）。显然，机械摩擦与电化学腐蚀间存在明显的"协同效应"，这将加速工程材料的表面损伤失效。

1.2.1　腐蚀与磨损耦合机理

　　金属材料腐蚀磨损耦合机理示意图如图 1-2 所示，其中，图 1-2（a）为磨损加速腐蚀的去钝化和再钝化演变机理图。钝化金属一旦有摩擦力作用在表面，钝化层会被摩擦剪切力去除，引发去钝化效应。而钝化膜的破坏会导致腐蚀动力学的增加，与此同时，裸露的金属会进行再钝化，但钝化膜重构需要一定的时间，在此期间，裸露的金属会迅速溶解直至遭到破坏的钝化膜得到完全重构。这种钝化膜的再生长与机械去除的循环作用，最终导致了磨损加速腐蚀作用。此外，去钝化可以使得腐蚀速率增加几个数量级[16]，因此，钝化金属的钝化膜再生能力，对磨损加速腐蚀效应至关重要。

　　腐蚀对磨损的影响是多方面的。合金材料的局部腐蚀以及合金组分的选择性溶解都会导致合金材料机械性能的恶化。比如，海水侵蚀会在合金材料表面形成凹坑，为裂纹的形核提供了便利，会加速材料的疲劳磨损；黄铜（Cu-Zn 合金）由于 Zn 的惰性差，在自来水中会发生 Zn 的溶解，这

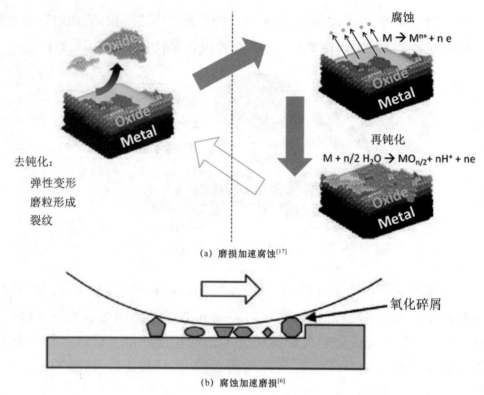

(a) 磨损加速腐蚀[17]

(b) 腐蚀加速磨损[6]

图 1-2　腐蚀-磨损协同机理模型

将引起黄铜表面形成众多腐蚀微孔，导致黄铜的机械性能恶化[16]。此外，合金材料晶界的腐蚀也会导致晶粒间内聚力减弱，加速合金材料的磨损去除[6]。另一方面，腐蚀产物或者表面钝化膜剥离形成的磨屑颗粒也会改变摩擦副的接触形式，如图 1-2（b）所示。如果腐蚀产物或者氧化物磨屑能够在溶液介质中快速溶解，则不会对接触区域的接触压力造成显著影响。反之，一旦腐蚀产物或者氧化颗粒无法快速溶解，就会显著增加局部接触压力，改变机械磨损状态，引发严重的磨粒磨损。

1.2.2　腐蚀磨损研究架构

正如前面所言，腐蚀-磨损的耦合效应不单单是磨损和腐蚀的简单叠加，还与机械作用和环境介质间复杂的相互作用密切相关。腐蚀磨损体系的搭建，需要综合考虑摩擦副材料、接触方式、载荷、环境介质等，由于腐蚀磨损问题的特殊性和复杂性，仅凭简单的经验方法很难达到预期目标[17]。因此，需要建立科学研究方法和合理的评价标准。

要解决摩擦副材料失效问题，首先要准确识别损伤失效的类型。例如，摩擦副表面出现了划痕，说明材料硬度不足导致了擦伤，而磨屑发生了转移，则意味着摩擦副选择不合适或者没有得到充分润滑导致了黏着磨损，再或者合金表面有溶液离子的存在，表明发生了局部腐蚀等[17]。

损伤类型一旦确定后，就需分析搭建实验体系所需的关键因素。如若摩擦副表面的损伤类型为腐蚀磨损，则可从三个方面入手，进行实验体系的搭建：环境介质、摩擦副材料以及机械结构[17]。实验室条件下很难完全模拟工程应用中的实际服役环境，因此需要尽可能多地获取工程应用中环境介质的关键因素，其中最主要的是溶液中的腐蚀性组分和溶液 pH 值。比如，氯离子以及其他卤素离子会阻碍或者延缓金属/合金材料的再钝化过程，引发局部腐蚀，还可能进一步导致疲劳裂纹[17]；溶液的 pH 决定腐蚀反应是析氢反应还是吸氧反应等。此外，环境介质的温度以及一些可能存在的易吸附有机分子等也需要重点关注。摩擦副材料的选择是摩擦学系统搭建的另一关键因素，因为摩擦学体系的腐蚀磨损行为与其组成成分和微观结构均密切相关，这就要求摩擦副材料选择时要综合考虑材料制备、热处理以及后续加工等一系列问题。机械结构的搭建需要考虑腐蚀磨损实验的接触形式和运动方式。图 1-3 列出了摩擦副组元常见的接触形式与运动方式。

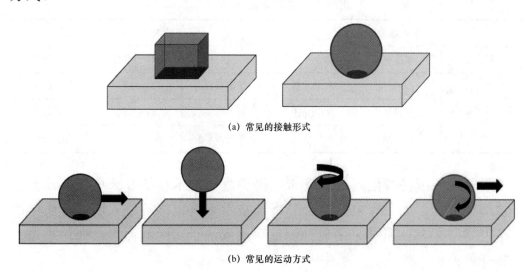

(a) 常见的接触形式

(b) 常见的运动方式

图 1-3　腐蚀磨损实验常见的接触形式与运动方式[17]

在不同接触形式下，接触区域的应力分布不同，摩擦副的摩擦学行为将发生显著变化。此外，滑动速度/往复频率以及法向载荷等均会影响体系的摩擦学行为，因此，摩擦学参数需根据实际工程应用进行合理选择。

实验方式的选择，需取决于实验所要达到的目标。如果想要完全再现工程运行状态下，系统或者组件的腐蚀磨损行为，则需采用全尺寸实验[17]。如若想测量摩擦系数、量化磨损以及理解材料降解的演变机制，则可在实验室条件下，通过模拟工程应用的机械状态和环境介质来实现[17]。一般而言，会选择在实验室条件下进行腐蚀磨损实验，这一方面是出于实验成本的考虑，另一个原因是实验室条件下易于借助电化学手段对腐蚀磨损过程的腐蚀行为进行原位表征。

腐蚀磨损测试系统的搭建，需综合考虑电化学测试和摩擦学测试。腐蚀磨损实验所需的电化学测试系统由三电极体系组成，包括工作电极（待测试样），参比电极和辅助电极。参比电极用于测量工作电极的电极电位，而恒电位下，工作电极与辅助电极间流过的电流则与腐蚀速率存在对应关系。借助三电极电化学测试体系，可深入理解化学/电化学反应在摩擦副材料损伤失效过程所扮演的角色，并量化反应速率[17]。为达到这一目的，通常将电化学工作站与摩擦磨损试验机的数据采集系统进行集成，实现腐蚀磨损过程摩擦学参数与电化学参数的同步实时采集。表 1-1 列出了腐蚀磨损实验所需的输入参数和输出结果。

表 1-1 腐蚀磨损实验所需的输入参数和输出结果

输入参数			输出结果		
机械变量	摩擦副	腐蚀介质	摩擦学参数	电化学参数	腐蚀介质
运动方式	合金材料	离子浓度	摩擦系数	腐蚀电位	化学组成
运行速度	表面粗糙度	溶液 pH	磨屑形貌	腐蚀电流	离子浓度
滑动距离、载荷	机械性能	化学组成	磨损表面形貌	极化曲线	溶液 pH

此外，还可将其他测试手段与电化学测试技术相结合来更深入地分析腐蚀磨损过程，如采用电感耦合等离子技术来测定溶解进入腐蚀介质中的离子[18]等。当然，具体采用何种测量手段取决于实际的需要，在这不进一步展开讨论。

最后对输出的摩擦学和电化学数据进行处理和分析，并结合磨损表面形貌显微图以及 XPS 化合态分析等表征手段，系统理解腐蚀磨损现象，揭示相关演变机理，并提出有效的防护措施。

1.3 海洋环境中海工装备的腐蚀磨损问题

海洋大气和海水是腐蚀性很强的天然电解质，这将导致海洋工程装备面临严重的腐蚀失效威胁，特别对于海洋装备中的相对运动部件，如气缸活塞杆、轴承、链条、铰链、螺栓以及轴等，往往遭受腐蚀和磨损的耦合损伤，导致严重的腐蚀磨损失效。本节将简要介绍几个海洋工程装备的腐蚀磨损案例。

1.3.1 深海钻井平台

深海钻井平台是海洋油气资源开发的关键装备，其能否稳定、安全、高效的运行，关系到国家经济利益和战略安全。深海钻井平台通常服役于中远海域，海况复杂，环境恶劣，维修保障难度大，经济成本高，因而钻井平台结构和机械部件的耐用性和可靠性就显得尤为关键。

按照工作环境的差异，深海钻井平台自上而下通常分为三个区域，分别为钻台以上区域、钻台区以及钻台以下区域，如图 1-4 所示。钻台以上区域通常为钻井平台的顶置钻柱补偿器（CMC）系统所处位置，由于其远离腐蚀性海水环境，因此受到腐蚀以及恶劣海况冲击的威胁最小。钻台区为钢丝隔水导管张紧器（WRT）和采油立管张紧器（PRT）系统的安装位置，由于钻台区处在海水飞溅区以上，因而受海水腐蚀和冲击的损伤也相对较小。

而对于处在钻台以下的直接隔水导管张紧器（DRT）系统，其液压缸长期工作在浪花飞溅区以下，甚至部分浸没在海水中。浪花飞溅区是腐蚀性最严重的区域，因为开放的海洋环境可提供充足的氧，而海水全浸区，海水流速大，往往还含有大量的泥沙，微生物等，腐蚀性和冲蚀性也相当严重。不仅如此，在恶劣海况下，液压缸中的活塞杆与缸体间的相对滑动速度较大，与此同时，扭曲和振动会造成极大的机械载荷，这就使得液压缸中活塞杆的服役工况极其恶劣，既要承受机械载荷和滑动接触，又要遭受飞溅海水的腐蚀[20,21]。表 1-2 给出了深海钻井平台不同区域的服役工况。

图 1-4 深海钻井平台[19]

表 1-2 深海钻井平台不同区域的服役工况[19]

区域	腐蚀性	磨损
水平 1	中等	中等
水平 2	中等	高/中等
水平 3	强	中等/高

有鉴于此，活塞杆的材质通常为耐蚀性强的双相不锈钢材质或者覆有钴基焊接涂层的碳钢[20]。尽管如此，在工程实践中还是无法避免因活塞杆表面损伤失效而导致系统停止运行，甚至引发重大泄露事故。活塞杆表面损伤失效后的典型特征如图 1-5 所示。显然，活塞杆表面的涂层被大面积剥离，而且在失效区域的截图显微图中还观察到了大量裂纹和孔洞，这将为海水的渗入提供通道。通过失效区域成分分析发现，在涂层与基体的界面可检测到存在有腐蚀产物，证实了海水腐蚀作用的存在。进一步研究发现[21]，活塞杆过早表面损伤失效的原因在于腐蚀、磨料磨损以及机械拉伸载荷的多重耦合损伤。

(a) 活塞杆失效表面

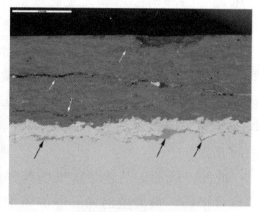
(b) 等离子喷涂碳钢活塞杆截面

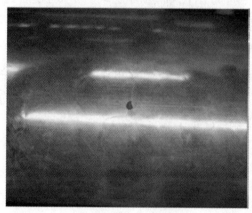
(c) 涂覆 NiCr 的双相不锈钢

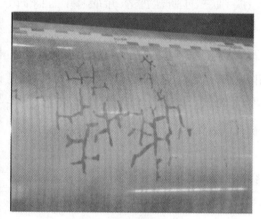
(d) 活塞杆表面裂纹

图 1-5　液压缸活塞杆失效表面[19]

1.3.2　舰船关键机械部件

舰船基本采用汽轮机或者燃气轮机驱动，少数军用作战平台采用核动力。不管采用何种驱动方式，螺旋桨都是动力的最终输出单元，其能否安全、稳定以及高效运行，关系着国家经济命脉和战略安全。

推进器的螺旋桨服役于海水全浸区，其特点是海水含氧量大、盐度高且成分复杂，不仅含有众多的卤化物，还包含有部分的硫酸盐、碳酸盐以及微生物的代谢物。充足的溶解氧不仅为腐蚀反应提供了驱动力，还为微生物的代谢和繁殖提供了便利。而微生物代谢往往会产生腐蚀性更强的酸性物质，这使得海水更具侵略性。而且，在恶劣海况下，海水对海床岩石的冲刷会形成大量的硬质固体颗粒，如二氧化硅、氧化铝以及氧化镁等，而这些硬质固体颗粒会随海水的流动而向近海甚至中远海迁移，一旦与船舶螺旋桨接触，在海水的冲刷下，会对其造成严重的磨粒磨损。有鉴于螺旋桨恶劣的服役环境，螺旋桨材质通常采用机械性能好，耐腐蚀性优异的钝化材料。然而，在磨损、腐蚀以及划擦等耦合损伤下，保护膜会被剥离，导致金属基体完全暴露在腐蚀介质中，引发严重的腐蚀磨损损伤[5]。

此外，舰船的其他传动机械部件以及辅助机械系统也会受到腐蚀磨损的耦合损伤，最典型的为舰船的系泊锚链[22,23]。锚链工作时，完全浸没在强腐蚀性的高盐海水介质中，且锚链会随海水的流动而摆动。特别是在恶劣海况下，锚链的剧烈摆动一方面会对锚链形成拉伸、扭曲和弯曲作用，另一方面会引起链环间出现不规则的相对运动，这将导致链环间接触区域的保护层在机械磨损的作用下被剥离去除，进而引发严重的腐蚀磨损耦合损伤问题，甚至会引发锚链断裂和丢失的严重事故，给舰船造成了一定的安全隐患。

1.3.3　水陆两栖飞机

水陆两栖飞机（如我国的蛟龙-AG600、日本的 US-2 以及俄罗斯的 BE-103）是指既能在陆上机场起降，又能在水面上起飞，降落、停泊的特种飞机，适用于海上搜救、巡逻反潜、森林灭火等任务，还可执行海洋环境监测、岛礁补给以及海洋执法维权等，在我国海洋战略中扮演着重要角色。

起落架机构是飞机的关键运动部件，其稳定、可靠、长寿命运行是飞机安全的重要保障。水陆两栖飞机不同于陆上飞机，在执行水面起降、停泊任务期间，海水往往会渗入起落架结构内部，导致起落架运动部件受到海水电化学腐蚀和机械磨损的双重作用，引发腐蚀磨损耦合损伤。中国特种飞行器研究所结构腐蚀防护与控制航空科技重点实验室的王英芹等[24]采用自制摆动轴承摩擦磨损试验台，研究了水陆两栖飞机起落架机构中摩擦配副材料在模拟海水中的腐蚀磨损行为，配副材料的损伤情况如图 1-6 所示。

(a) 衬套损伤情况   (b) 转轴损伤情况

(c) 转轴黏着磨损形貌   (d) 转轴磨粒磨损形貌

图 1-6 水陆两栖飞机起落架机构损伤情况[24]

可以看出，在磨蚀条件下，转轴以磨粒磨损为主，并伴随有黏着磨损。磨痕区域存在黑色产物，推测为腐蚀产物在磨蚀过程发生了氧化，而腐蚀产物部分存在于摩擦区域成为磨粒，加速了磨损[24]。

此外，海水泵的轴承支架、外接管的定位圈以及轴套，也会发生腐蚀磨损损伤[25]。这主要由于轴承支架和外接管之间有间隙，导致运行过程中，两者之间存在相对运动，从而使得接触面很容易产生腐蚀磨损损伤失效问题。而轴套与轴承接触，且以海水为工作介质，运行过程与轴承间又存在剧烈的摩擦作用，因而轴套的损坏既有机械磨损又有海水电化学腐蚀，为典型的腐蚀磨损损伤。

1.4　海洋环境下金属摩擦副的腐蚀磨损研究现状

1.4.1　传统耐蚀材料

不锈钢因其良好的机械性能以及优异的耐蚀性，在海洋军用装备以及民用工程机械中有极其广泛的应用。不锈钢优异的耐蚀性得益于其表面形成的钝化层。然而，有些工程应用中，如船用汽轮机叶片、水阀、泵以及钻井平台处于浪溅区的相对运动部件，往往遭受海水电化学腐蚀与机械磨损的双重作用[26]，进而导致严重的腐蚀磨损耦合损伤问题。

针对不锈钢材料在海水介质中的腐蚀磨损耦合损伤问题，摩擦学以及腐蚀方面的研究人员进行了较为系统的研究。Zhang B B 等[11]考察了人工海水中 304 奥氏体和 410 马氏体不锈钢在滑动摩擦作用下开路电位、动电位极化以及腐蚀电流的演变过程，并结合磨痕表面分析以及磨损率计算，分析探讨了腐蚀-磨损的交互作用。结果发现，两种不锈钢在腐蚀磨损工况下的磨损率远大于纯磨损条件（阴极保护）时的磨损率，这不仅仅是由于纯腐蚀作用的存在，更为重要的是引发了磨损加速腐蚀以及更为严重的腐蚀加速磨损效应。腐蚀加剧磨损的主要原因在于点蚀促进了裂纹的萌生和扩展[11]。Zhang B B 等[26]进一步考察了外加电位对 410 不锈钢腐蚀-磨损交互作用的影响规律，结果如图 1-7 所示。可以发现，阴极电位作用下，磨损加速腐蚀导致的材料损失很小，而在阳极电位下则显著增大；而对于腐蚀加速磨损而言，阴极电位下的材料损失量反而大于阳极电位时的情况，这表明体系电位是影响腐蚀-磨损交互作用的关键因素。本课题组研究 304 不锈钢在人工海水中不同工况载荷下的腐蚀磨损行为，发现载荷越大，腐蚀加速磨损以及磨损加速腐蚀作用越明显[27]。双相不锈钢在海洋工程中的应用也相当广泛，因而其腐蚀磨损耦合损伤问题同样备受关注。Gao R P 等[28]分析了 SAF 2205 双相不锈钢在人工海水中的腐蚀磨损演变过程，发现在较高载荷作用下，SAF 2205 双相不锈钢会发生相变，形成 σ 金属间化合物，进而与表面钝化层间形成电偶腐蚀，最终导致了腐蚀加速磨损。不仅如此，Vignal V 等[29]研究发现，滑动剪切作用可使双相不锈钢中铁素体和奥氏体的电化学反应活性发生改变，钝化性和耐腐蚀性能退化，从而加剧电偶腐蚀。基于以上分析可知，双相不锈钢的腐蚀磨损耦合作用相较于马氏体和奥氏体不锈钢更为复杂。

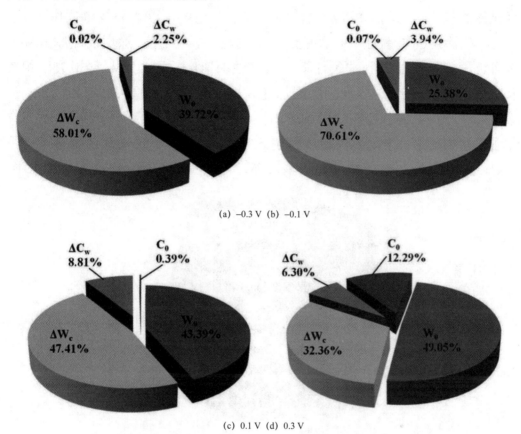

(a) −0.3 V (b) −0.1 V

(c) 0.1 V (d) 0.3 V

图 1-7　410 不锈钢在海水介质中不同外加电位下的腐蚀磨损交互作用[26]

不锈钢在海洋环境中腐蚀磨损耦合损伤的防护是相关研究人员关注的重点。Shan L 等[30]采用 PVD 技术在 316L 表面构筑了约 5.5 μm 厚的 CrN涂层，通过球-盘滑动腐蚀磨损实验体系，评估了开路电位以及外加电位作用下，CrN 涂层的防护效果。结果发现，在无外加电位时，CrN 涂层在滑动摩擦作用下，开路电位和腐蚀电流密度均不会发生明显偏移，表现出优异的抗腐蚀磨损性。当有阴极电位存在时，CrN 涂层的防护性显著下降，而当外加电位变为阳极电位（+0.5 V）时，CrN 涂层会出现严重点蚀，防护效果基本丧失。Shan L 等[31]进一步研究了 Si 掺杂对 CrN PVD 涂层性能的影响，发现 Si 掺杂可以强化 CrN 涂层的硬度、耐腐蚀以及减摩抗磨性。本课题组前期考察了 304 表面高熵合金涂层的抗腐蚀磨损性能，发现在低载荷下，高熵合金涂层对 304 不锈钢有比较好的防护效果[32]。近年来，减摩、耐腐以及抗磨性能优异的自润滑材料在不锈钢表面防护方面的应用也受到了极大关注。Ye Y W 等[33]采用非平衡磁控溅射技术在 304L 不锈钢表面制备了多层结构的 DLC 涂层，并研究了开路电位以及外加电位作用下，多层结构涂层的抗腐蚀磨损性能。结果发现，多层 DLC 涂层的减摩效果非常明显，并且在整个测试条件下，因腐蚀加速磨损引发的材料损失量相较于 304L 均显著减小。尽管因磨损加速腐蚀导致的材料损失却有所增加，但总体来讲，仍表现出良好抗腐蚀磨损性。Li L 等[34]为了克服 GLC 与基体结合强度差的问题，采用直流磁控溅射工艺，在 316L 不锈钢表面制备了一系列 Cr 过渡层与 GLC 交替分布的多层膜，如图 1-8 所示。通过人工海水中

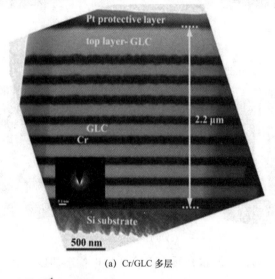

(a) Cr/GLC 多层

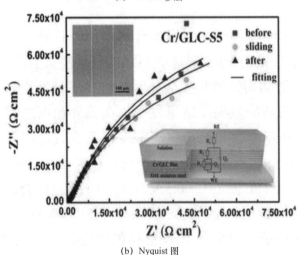

(b) Nyquist 图

图 1-8　Cr/GLC 多层结构及其抗腐蚀磨损性能[34]

的腐蚀磨损测试发现，Cr/GLC 膜的性能与单层 Cr 和单层 GLC 的厚度密切相关，采用多层结构+顶层加厚的策略可有效增强 GLC 膜的抗腐蚀磨损性能。Sui X D 等[35]进一步研究了（Cr，Cu）-GLC 涂层在海水环境下的腐蚀磨损行为，发现随 Cr、Cu 掺杂浓度的增加，涂层表面变得松散多孔，硬度也随之降低，导致 GLC 抗腐蚀磨损能力下降。可见，通过合理调制，多层结构设计能够获得较好的抗腐蚀磨损性能。然而，海水环境中涂层材料腐蚀磨损行为的影响因素非常复杂，应用方面受到了极大限制。

钛及钛合金相较于不锈钢具有更加优异的耐蚀性，因而广泛应用于海洋装备的关键部件，如泵、阀以及深海探测器等[36]。近年来，有研究表明[36]，钛合金在海洋环境中不仅会遭受海水侵蚀，还会受到摩擦力的作用，导致严重的腐蚀磨损耦合损伤，加速了关键部件的失效。因而，钛合金的耦合损伤问题也引发了极大关注。

Pejaković V 等[37]考察了低接触压力（载荷为 100 MPa、220 MPa 和 470 MPa）时 TC4 在人工海水中不同极化电位下的腐蚀磨损行为，发现载荷为 100 MPa 时，钝化膜未发现有破裂痕迹。然而，当载荷增加到 220 MPa 和 470 MPa 后，表面会发生去钝化，进而引发持续地去钝化-再钝化循环演化过程。而且，当载荷为 220 MPa 时，腐蚀磨损测试的摩擦系数都异常高，这归咎于腐蚀与磨损间的强相互作用。进一步将载荷增加到 860 MPa 时，王林青等[38]发现 TC4 在海水中的腐蚀-磨损交互作用与外加极化电位间存在正相关性，即外加电位越大，腐蚀加速磨损和磨损加速腐蚀效应越强。Jun C 等[39]定量考察了 TC4 在人工海水中开路电位以及阳极电位下腐蚀与磨损间的耦合作用，结果如图 1-9 所示。可以看出，在开路电位下，腐蚀加速磨损占材料总损失量的 33.04%，磨损加速腐蚀则占总材料损失的 3.2%，而当体系施以阳极电位时，腐蚀加速磨损量增加到 37.09%，磨损加速腐蚀量也增加到 6.29%。可见，外加阳极电位可显著增强腐蚀-磨损间的耦合效应。

在钛及钛合金的腐蚀磨损耦合损伤防护方面，Fazel M 等[40]分别在 20 ℃和−10 ℃温度下采用阳极火花氧化手段，在纯钛表面制备了厚度分别为 3.6±0.2 μm 和 4.8±0.2 μm 的涂层，腐蚀磨损测试结果表明，两种涂层的抗磨损加速腐蚀能力均强于纯钛基体，但由于涂层表面疏松多孔，防护效果并不理想。Li J L 等[41]通过电弧离子镀技术在 TC4 表面构筑了硬度高达 30 GPa 的 TiN/TiCN 双涂层，发现其在人工海水中的摩擦系数相较于 TC4

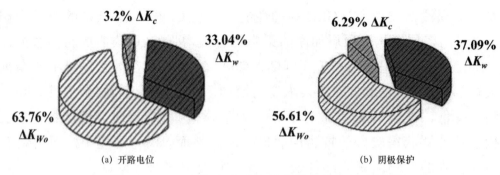

3.2% ΔK_c

33.04% ΔK_w

63.76% ΔK_{Wo}

(a) 开路电位

6.29% ΔK_c

37.09% ΔK_w

56.61% ΔK_{Wo}

(b) 阴极保护

图 1-9　TC4 在海水介质中的腐蚀磨损交互作用[39]

降低了 50%，磨损率降低了一个数量级，表现出较强的抗腐蚀-磨损耦合损伤能力。然而，海水介质会加速 TiN/TiCN 涂层裂纹的萌生，诱导产生涂层的剥离失效，其失效机理如图 1-10 所示。Dong M P 等[42]通过高温气体渗氮，首先对 TC4 表面进行高温渗氮，然后再采用多弧离子镀技术，在渗氮层表面沉积 TiSiCN 涂层，实现了 TiSiCN/nitride 复合表面的构筑。结果发现，双处理涂层的硬度高达 33 GPa，并表现出超常的承载能力；复合涂层在人工海水中的摩擦系数相较于 TC4 降低了约 40%，而且 TiSiCN/nitride 复合表面无可见微裂纹，表现出优异的减摩以及抗腐蚀磨损损伤能力。Totolin V 等[43]采用一系列表面工程技术对 TC4 进行了表面改性，包括 PVD 沉积 W 掺杂 DLC 膜（W-DLC）、超音速火焰喷涂硬质涂层（HVOF）以及表面氮离子注入。经研究发现，W-DLC 膜的硬度高达 15.9 GPa，其在人工海水中的减摩抗磨性能相较于 TC4 有明显提升；HVOF 涂层的硬度小于 W-DLC（14 GPa），抗磨性能与 W-DLC 相当，但减摩性略逊于后者；氮离子注入的 TC4 表面硬度最大（16 GPa），但减摩与抗磨性均不佳。总的来说，W-DLC 的抗腐蚀-磨损耦合损伤能力最佳，这与邓凯等[44]的研究结果基本一致。W-DLC 优异的减摩性能主要得以于滑动界面上形成的低剪切强度的转移层。

　　综上所述，不难发现，不锈钢和钛合金等海洋工程材料在海水介质中均会遭到腐蚀磨损的耦合损伤，而且随着体系极化电位的增加，磨损加速腐蚀和腐蚀加速磨损效应均会显著增加，特别是在阳极电位条件下，这种耦合效应显得尤为突出。表面涂层对耦合损伤具有一定的防护效果，但膜基界面相对较弱的结合强度往往会导致功能涂层的剥离，很难满足长寿命服役的迫切需求。

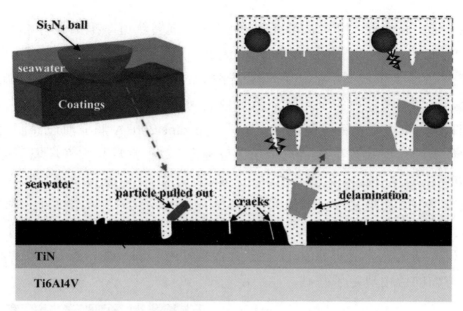

图 1-10 TiN/TiCN 复合涂层的失效机理[41]

1.4.2 新型抗磨耐蚀合金 60NiTi

60NiTi 合金（40 wt.%Ti，60 wt.%Ni）是一种具有低密度、高比强度、高硬度、无磁性、高尺寸稳定性以及强耐蚀性等优异性能的有序金属间化合物[45-47]，被认为是很有应用前景的新一代（第四代）轻质摩擦副材料[48]。60NiTi 合金自 20 世纪 60 年代在美国海军武器实验室问世以来，因其优异的综合性能，在海洋工程方面的应用就备受关注[49]。但由于金属间化合物加工难度大，受限于当时的加工水平，其应用方面的研究一度处于停滞状态。进入 21 世纪，随着现代加工技术的发展，60NiTi 合金的应用潜力重新被激发。自 2004 年以来，美国航空航天局（NASA）的 Dellacorte C 摩擦学家一直致力于研究和推广轻质 60NiTi 合金摩擦副材料在腐蚀性介质工况下的应用[45]。国内有关 60NiTi 合金的研究始于 2012 年，起步较晚，研究缺乏系统性。以下就 60NiTi 合金在摩擦学以及耐腐蚀性方面的国内外研究现状给予论述。

在减摩方面，可润滑性是摩擦副材料所要满足的首要条件，因为多数情况下摩擦副需要在良好的润滑工况下运行。考虑到含钛高的合金（如 Ti6Al4V）难以实现油润滑，国内外摩擦学研究者针对 60NiTi 合金的润滑性能做了大量研究工作。Stephen V 等[50]通过旋转轨道摩擦试验考察了真空环境中 60NiTi 球-盘摩擦副在 Pennzane 2001A、Krytox 143AC 以及 Castrol 815Z 三种航天机械润滑油边界润滑条件下的摩擦学性能。结果发现，60NiTi 合金在三种润滑油中的平均摩擦系数分别为 0.054、0.15 和 0.09，而当采用 60NiTi 球-440C 不锈钢盘配副时[51]，在 Pennzane 2001A 润滑油边界润滑下，摩擦体系的摩擦系数在 0.059～0.062 范围内。对于常温和大气环境下而言，当 60NiTi 销与 GCr15 盘配副时，在 PAO 油润滑下，可获得摩擦系数为 0.11 的低摩擦[52]。而当采用蓖麻油润滑时，60NiTi 销-GCr15 盘摩擦副的摩擦系数甚至可降至 0.01 以下，实现了超低摩擦[53]，其润滑机理如图 1-11 所示。以上研究结果充分说明 60NiTi 合金具有良好的可润滑性，这为其在摩擦副材料方面的应用奠定了基础。

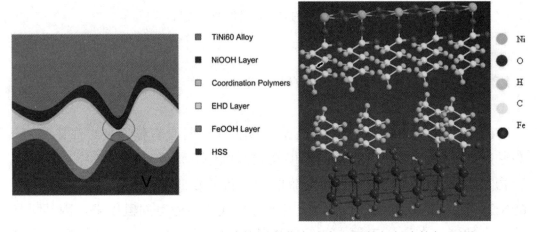

图 1-11　60NiTi 销-GCr15 盘摩擦副在蓖麻油润滑下的超低摩擦机理[53]

在耐磨性方面，NiTi 合金由于存在应力诱变马氏体相变引发的超弹性，其磨损机理与传统耐磨材料不同，无法用经典的磨损理论以及 Archard 磨损公式来准确描述[54,55]。

NiTi 合金优异的耐磨性主要得益于以下几个方面[54]：一是应力诱变马氏体相变有效耗散了接触表面的能量；二是接触面积增加，接触应力下降，减少了应力集中；三是脱离接触时，可逆相变引起应变回复，同时吸收热量，降低摩擦表面温度。为了有效描述 NiTi 合金的磨损机理，Liu R 和 Li D Y[55]提出，应同时考虑弹性和硬度对 NiTi 合金耐磨性的作用，并给出了一种修正的 Archard 磨损公式。经实验证实[55]，修正后的 Archard 磨损公式对 NiTi 合金磨损率的预测误差小 1%，如图 1-12 所示。以上结果说明，超弹性对 NiTi 合金耐磨性是非常有益的。

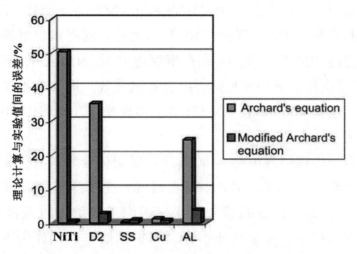

图 1-12 修正前后 Archard 公式磨损理论计算值与实验值对比[55]

Oberle T L[56]提出理想的机械材料应具有高硬度来确保其耐磨性,同时还要具有足够低的弹性模量来分散接触应力,即采用测定材料硬度与弹性模量比(H/E)来评价材料的耐磨性。许多学者依据这一理论,通过增加材料的 H/E,实现了材料摩擦学性能的提升[57-60]。Neupane R 等[61]考察时效、退火以及固溶态 60NiTi 合金的磨损性能,发现固溶态合金的 H/E 最大,其耐磨性也最佳,这一结论同样被本课题组的研究所证实[62],说明 60NiTi 合金遵循 Oberle T L 的耐磨理论。60NiTi 属于超弹性合金材料[47,63-65],其硬度达到 56~62 Rc,可与 440C、M50 媲美,但弹性模量只有 440C 和 M50 的一半[65],这就使得 60NiTi 合金具有高的 H/E。因此,NASA 的摩擦学首席科学家 Dellacorte C 认为[66],60NiTi 合金满足理想耐磨材料的要求。这一结论被 Neupane R 的研究结果所证实,研究发现[61],60NiTi 合金的耐磨性均优于中碳钢、高碳和工具钢、硬化的 AISI52100 轴承钢以及不锈钢等合金材料。

耐海水腐蚀性方面,早在 60NiTi 合金问世之初,美国海军武器实验室的 Buehler W J 等[49]就对其在海水中的耐空泡腐蚀、应力腐蚀以及间隙腐蚀性能进行了评估,给出的结论是 60NiTi 合金非常适合在海洋工程中的应用。近年来,国内研究人员也对 60NiTi 合金的耐腐蚀性进行了研究。Qiu Q H 等[67]对比研究了 60NiTi 和 316 不锈钢在模拟海水环境中的腐蚀行为,发现铸态 60NiTi,尽管含有大量的粗大 Ni_3Ti 析出相,其耐腐蚀性仍可与 316

不锈钢媲美。而经固溶和时效处理后，60NiTi 合金的腐蚀速率比 316 不锈钢降低三个数量级，表现出更加优异的耐海水腐蚀性。而且，Zhang H L 等[68]还发现磁控溅射 60NiTi 膜经 500 ℃退火后，耐海水腐蚀性相较于固溶态 60NiTi 还会有大幅度步提升。耐盐雾腐蚀方面，NASA 的测试数据表明，440C 不锈钢暴露在盐雾中 4 h 就会出现腐蚀失效，而 316 不锈钢在同等条件下失效时间需要 400 h，但 60NiTi 合金即使暴露在盐雾中 4000 h 仍未见有腐蚀的痕迹。

可见，新一代抗磨耐蚀材料 60NiTi 金属间化合物具有优异的耐磨性，且比 316、440C 不锈钢更耐海水、盐雾腐蚀，在海洋工程领域表现出广阔的应用前景。然而，目前的相关工作仅考虑了纯磨损以及纯介质腐蚀工况，并未涉及 60NiTi 合金在海水介质和机械磨损共同作用下的表面磨蚀行为及其演变机理的研究，无法充分了解 60NiTi 在磨蚀过程的电化学与工况载荷、摩擦等力学因素间的耦合作用，限制了其在海洋工程关键摩擦部件中的应用。

1.5   选题依据

海洋装备的某些关键运动部件，如海水泵叶轮、舰船螺旋桨以及潮汐能发电的涡轮叶片等，长期服役于浪花飞溅区甚至直接暴露在海水介质中，不仅要面临腐蚀性海水的电化学腐蚀，还会遭到海水中硬质颗粒的磨粒磨损，引起严重的腐蚀磨损耦合损伤效应，经常会导致运动部件过早失效。这不仅会带来巨大的维修保障压力，还对海洋装备的稳定运行造成不可预料的安全隐患。目前，在海洋装备中广泛应用的金属摩擦副材料主要有不锈钢、钛以及钛合金等，这主要得益于其优异的耐海水腐蚀性。然而，不锈钢材料难以热处理硬化，钛及钛合金本身硬度低，三者均无法满足摩擦副材料的耐磨性要求。尽管某些硬质涂层能改善其耐磨性，也得到了一定的应用，但膜基结合强度以及膜基界面在海水介质中复杂的相互作用仍是面临的巨大挑战，在恶劣工况下的应用受到一定局限。因此，拓展能同时兼顾耐磨和强耐腐的新型合金材料在海洋装备关键运动部件中的应用，是控制腐蚀磨损，减缓海水介质中关键摩擦副腐蚀磨损耦合损伤最行之有效的方法之一。

60NiTi 金属间化合物是新一代抗磨耐蚀轻质摩擦副材料，其典型特点为密度低、比强度高、硬度大、无磁性、尺寸稳定性好以及耐蚀性强。因而，自问世以来在海洋工程领域的应用就受到了极大关注。随着现代冶炼和加工技术的快速发展，实现高质量金属间化合物的精密加工已然成为现实。美国航空航天局（NASA）已实现 60NiTi 合金在国际空间站腐蚀性废水处理系统中摩擦组件方面的应用，同时提出 60NiTi 合金在海洋工程领域同样有广阔的应用前景。前期文献调研表明，60NiTi 合金能同时兼顾良好的耐磨性与优异的耐蚀性，这是现有材料很难具备的特性。因为在实际应用中，耐磨性和耐蚀性往往是相互矛盾的。如硬质碳化物、高硬度马氏体基体以及细化晶粒等尽管会提高其耐磨性，但这也将增加材料组织的不均匀性，容易发生点蚀、晶间腐蚀以及相间腐蚀等，恶化其耐腐蚀性。

为进一步评估 60NiTi 合金作为海洋工程关键摩擦副材料的应用前景，表 1-3 给出了 60NiTi 合金与典型海洋工程材料的性能对比。由表可知，60NiTi 合金的机械性能以及耐腐蚀性均显著强于不锈钢材料。机械性能方面，60NiTi 金属间化合物的硬度（H）是不锈钢和 TC4 的数倍，而弹性模量（E）却只有不锈钢的一半，这就使其拥有高的 H/E 以及优异的抗弹性和塑性变形失效能力，这一结论可由图 1-13 得以证实。

表 1-3　60NiTi 合金与海洋工程材料性能对比[37,43,65,69−71]

性能	60NiTi	316L 不锈钢	304 不锈钢	Ti6Al4V
密度/g·cm^{-3}	6.70	7.80	7.90	4.50
硬度/HV	620~740	~226	~182	363
弹性模量/GPa	~90~115	~210	200	114
屈服强度/MPa	—	~290	>210	830
抗拉强度/MPa	~1000	230	520~650	910
耐蚀性/盐雾	4000 h 无腐蚀	400 h 失效	—	—

而且，60NiTi 合金的密度比不锈钢低约 15%，强度却达到其两倍，表现出高的比强度。耐腐蚀方面，316L 不锈钢在盐雾环境中静置 400 h 就会出现腐蚀失效，而 60NiTi 在相同条件下静置 4 000 h 仍未发现有腐蚀迹象。

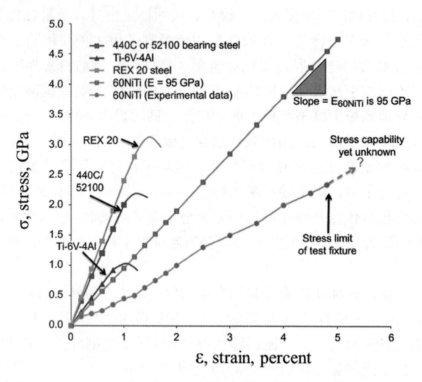

图 1-13　60NiTi 合金与轴承钢、钛合金的弹性应力-应变行为对比[72]

　　基于前期调研，可以发现，60NiTi 合金能兼顾优异的抗磨性与耐腐蚀性，这使其在海洋工程领域有极其广阔的应用前景，有望缓解海工装备关键摩擦组件因腐蚀磨损而引发的失效问题，但目前针对 60NiTi 合金在摩擦学以及腐蚀性能方面的研究尚存在以下局限与不足：① 腐蚀方面的研究仅考虑腐蚀介质的作用规律，并未涉及工况载荷、摩擦等力学因素对腐蚀过程的影；② 摩擦学方面的研究主要集中在材料物相组成、力学性能等与其摩擦学性能的关联性，并未考虑电化学腐蚀因素对其摩擦学性能的影响；③ 60NiTi 合金在海水介质中的腐蚀磨损机理尚无定论；④ 表面改性仅考虑工况载荷而忽略环境介质的作用。因此，深入分析海水环境中 60NiTi 合金的电化学腐蚀与机械磨损的交互作用演变过程，阐明 60NiTi 合金的腐蚀磨损机理，对拓展其在海洋工程领域的应用，提高海洋装备关键摩擦副组件的可靠性、安全性和使用寿命，具有重要的工程实践意义。

1.6 研究内容

基于我国海洋战略不断推进的需求，结合目前国内外海洋装备关键摩擦副材料腐蚀磨损耦合效应的研究现状，探索潜在海洋摩擦副材料 60NiTi 合金在工况载荷、表界面摩擦等力学因素和海水电化学腐蚀耦合作用下，钝化-去钝化-再钝化循环演变过程，着重考察电化学腐蚀效应对摩擦应力诱发微裂纹萌生、扩散乃至剪切剥离等的影响，建立海水环境中 60NiTi 合金的腐蚀磨损耦合机制。在此基础上，探索提升 60NiTi 合金抗腐蚀磨损耦合损伤能力有效手段，进一步延长 60NiTi 合金在复杂海洋环境中的服役寿命。本研究的整体思路如图 1-14 所示。

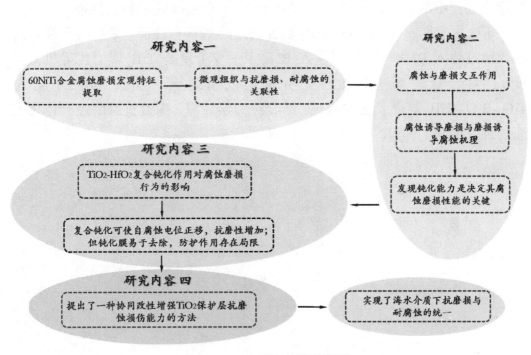

图 1-14 本研究的整体思路

本研究的具体内容如下：

研究内容一：60NiTi 合金的腐蚀磨损性能。通过 MS-ECT3000 电化学摩擦磨损试验机，采用球-盘接触方式，考察海水环境中不同工况载荷下，60NiTi 合金腐蚀磨损过程中腐蚀电位和动电位极化曲线演变规律，并对比考察了 60NiTi 合金与典型海洋工程材料的抗腐蚀磨损性能，以期评估了 60NiTi 合金在海工装备中的应用前景。

研究内容二：60NiTi 合金的腐蚀与磨损交互演变机理。分别计算腐蚀加速磨损、磨损加速腐蚀、纯磨损以及纯腐蚀导致的材料损失，并结合扫描电子显微镜、X-射线光电子能谱等表面分析手段，提取了磨蚀过程磨痕表面的宏观特征，建立腐蚀反应模型，采用基于密度泛函理论的第一性原理计算，考察 60NiTi 合金中主要组成相与环境介质间反应的原子尺度演变过程，并结合实验表征结果，阐明 60NiTi 合金在海水环境下腐蚀磨损过程的腐蚀与磨损交互作用规律。

研究内容三：腐蚀磨损过程 Ti-Hf 复合钝化作用对腐蚀磨损的影响。基于上述腐蚀与磨损交互作用机理分析，采用少量 Hf 合金化，在不使 60NiTi 合金性能退化的前提下，在其表面形成了 TiO_2-HfO_2 复合钝化膜。通过 Ti-Hf 在磨蚀过程中的复合钝化作用，提高 60NiTi 合金抗腐蚀磨损性能。

研究内容四：TiO_2-B_2O_3-TiB_2 复合表面的制备与性能。采用离子注入技术，通过注入 B^+ 离子（选择注入 B^+ 离子主要考量是 TiB_2 具有优异机械强度），对合金表面进行改性，并采用低温退火，实现 60NiTi 合金 TiO_2-B_2O_3-TiB_2 复合表面的构筑。结合热力学计算，探索抗磨耐蚀一体化表面的形成机理。

2　60NiTi 合金的腐蚀磨损性能

以海水为工作介质的海工装备关键运动部件，如海水泵叶轮、舰船螺旋桨及桨轴、系泊系统以及潮汐能发电的涡轮叶片等，往往会遭受海水电解质电化学腐蚀和机械磨损的双重作用，引发严重的腐蚀磨损问题[3,5,22,38,73]。目前，广泛应用于海水介质腐蚀磨损工况下的摩擦副材料主要有不锈钢、钛以及钛合金等。然而，不锈钢材料难以热处理硬化，钛及钛合金本身硬度低，三者均无法满足摩擦副材料的耐磨性要求。尽管某些硬质涂层能改善其耐磨性，也得到了一定的应用，但膜基结合强度以及膜基界面在海水介质中复杂的相互作用仍是面临的巨大挑战。因此，拓展新型抗磨耐蚀材料在腐蚀磨损工况下的应用，是控制腐蚀磨损最有效的方法之一。

60NiTi 是一种有序的金属间化合物，因其比强度高，硬度大（56～62 Rc），弹性模量适中（90～115 GPa），无磁性，尺寸稳定性好，且能兼顾优良的耐腐蚀性[65]，因此被认为是在腐蚀介质中很有应用前景的新型摩擦副材料。为评估 60NiTi 在海水介质中腐蚀磨损工况下的应用前景，探索其腐蚀、磨损以及腐蚀与磨损交互作用规律，本章采用 MS-ECT3000 电化学摩擦磨损试验机，通过电化学与摩擦学相结合的试验手段，对人工海水中 60NiTi 的腐蚀磨损性能进行系统研究，并将其与典型海工装备摩擦副材料的腐蚀磨损性能进行对比，以期为 60NiTi 在海洋环境中服役提供实践与理论依据。

2.1　材料制备

60NiTi 合金由西安赛特金属材料开发有限公司进行制备，其工艺如下：

以高纯海绵钛（99.99 wt.%）和电解镍（99.97 wt.%）为原料，采用真空感应熔炼技术熔铸 60NiTi 合金锭。真空感应炉采用中频感应炉，其真空度可达 10^{-2} Pa。熔炼过程利用氩气保护，以免熔体中产生过多的氧化夹杂物。在熔铸 60NiTi 合金铸锭前，需先使用相同的母合金对石墨坩埚进行清洗，使得表面形成碳化物保护层，从而减少杂质进入熔体。熔炼过程严格控制熔化与精炼时间，浇注完毕后，自然冷却，取不同铸锭段试样进行元素分析。再将铸态 60NiTi 在真空炉中 1 000 ℃均匀化处理 6 h 后随炉冷却，取出后，去除表面的氧化薄层。为避免由合金材料最终热处理产生的热应力在后续试样加工过程中引发微裂纹，首先将均匀化处理后的合金材料加工成 ϕ20 mm、厚度为 5 mm 的圆盘，然后在惰性气体保护下，在 1 050 ℃温度固溶 2 h 后水淬，使得 60NiTi 合金试样硬化到所需水平。对固溶试样表面分别用 150#、400#、600#、800#、1000#、1200#以及 2400#的砂纸进行打磨，在用抛光膏进行机械抛光，最终再依次使用丙酮和无水乙醇进行超声清洗后装试样袋备用。所得 60NiTi 合金的化学成分见表 2-1。

表 2-1　60NiTi 合金的化学成分

质量分数/%	Ni	Ti	C	其他
60NiTi	60.09	39.75	0.06	余量

本章用于对比实验的 Ti6Al4V 合金为商用钛合金，其成分为：6.25%Al、4.21%V、0.22%Fe、0.19%O、0.0073%H，余量为 Ti。试样首先被切割成 ϕ20 mm × 5 mm 的圆盘，然后采用砂纸对表面进行打磨，再采用金刚石抛光膏进行抛光，最后用无水乙醇清洗后装袋备用。

2.2　表征与测试方法

2.2.1　微观组织与物相表征

场发射扫描电子显微，简称 FE-SEM，其主要在扫描线圈磁场的作用下，利用细聚焦高能量电子束在样品表面逐点扫描，激发出二次电子、背散射电子等物理信号，经探测器收集、放大器放大后，在显示屏上的相应各点调制成像，从而获得样品表面的放大图像。本章采用 FE-SEM（型号：MAIA3 LMH）对合金试样在热处理过程中，表面形貌的演变进行观察。此外，还用于结合 EDS 对磨痕微区化学元素分布进行分析。

物相表征通过 X-射线衍射仪（型号：D8 ADVANCE A25），采用 Cu 靶陶瓷 X 光管，对不同处理状态的合金试样进行物相鉴定，并借助 FE-SEM 中 EDS 能谱附件，对微区析出相进行分析。

2.2.2 开路电位–摩擦系数

采用兰州华汇仪器科技有限公司生产的 MS-ECT3000 旋转电化学腐蚀摩擦磨损试验仪进行合金试样的电化学腐蚀摩擦磨损性能测试。电化学-摩擦磨损实验机的示意图如图 2-1 所示，其中参比电极采用饱和甘汞电极，辅助电极采用铂片，而工作电极则为所测试的合金试样。在测试过程中，合金试样的上表面与电解质接触，而下表面则与电化学工作站的工作电极相连接。球采用能兼顾耐腐蚀与高耐磨的氮化硅球，氮化硅球通过陶瓷夹具与载荷加载系统相连。电解质采用基于 ASTM D665-12 标准配制的人工海水，其化学组成见表 2-2。整个实验过程中，摩擦系数和电化学信号（包括开路电位、动电位极化等）可通过同一个软件进行实时同步采集。

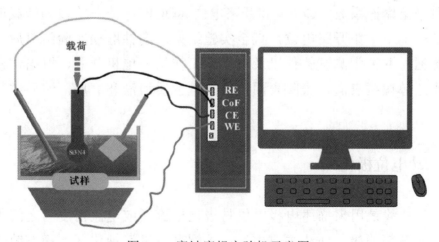

图 2-1 腐蚀磨损实验机示意图

表 2-2　人工海水的化学组成

成分	含量/g·L⁻¹	成分	含量/g·L⁻¹
NaCl	24.54	$NaHCO_3$	0.20
$MgCl_2 \cdot 6H_2O$	11.10	KBr	0.10
Na_2SO_4	4.09	H_3BO_3	0.03
$CaCl_2$	1.16	$SrCl_2 \cdot 6H_2O$	0.04
KCl	0.69	NaF	0.01

电化学腐蚀摩擦磨损实验的具体步骤如下：首先对表面抛光的合金试样进行装配，使得合金试样与夹具具有良好的密封性，确保电解质溶液只与合金的上表面接触，而下表面与电化学工作站的工作电极接通，然后加入配制好的电解质溶液，使其完全浸没参比电极、辅助电极以及合金表面。装配完成后，进行开路电位测试，当开路电位波动相对较小，即测试体系处在稳定状态，关闭电化学测试软件，打开电化学-摩擦磨损测试软件，设置载荷、转速、测试时间等实验参数，进行摩擦力调零后，开始电化学摩擦磨损测试。实验过程采用恒定转速 0.02 m/s，变量为法向载荷，分别为 1 N、5 N 和 10 N，所对应的平均接触比压分别为 390 MPa、670 MPa 和 850 MPa。

整个测试过程分为三个阶段：第一阶段为在滑动但不加载载荷的条件下采集体系的开路电位（OCP）；第二阶段为在滑动且加载载荷的情况下同步实时采集摩擦系数（CoF）和开路电位（OCP）；第三阶段为卸载但仍然滑动的情况下采集开路电位，直至实验结束。腐蚀磨损实验结束后，保存实验数据，并关闭测试软件以及电化学工作站、电机开关，取出试样，利用无水乙醇擦拭表面，去除表面残留的电解质溶液和磨屑，然后进行表面分析。

2.2.3　动电位极化

极化曲线是用来描述电极电位与极化电流（或电流密度）之间关系的曲线，而理想的极化曲线主要由活性溶解区、过渡钝化区、稳态钝化区以及过钝化区组成。通过实验手段，获取极化曲线是探讨金属材料腐蚀过程，揭示材料腐蚀演变机理，寻求控制材料腐蚀措施的基本方法之一。

本章以铂金电极为辅助电极，饱和甘汞电极为参比电极，待研究试样为工作电极，分别将其与电化学工作站的相应接线柱相连接，进行静态以及载荷作用下的动电位极化测定。具体的实验步骤如下：首先将具有一定尺寸且表面抛光的待测试样用丙酮和乙醇在超声清洗器中进行清洗，以去除表面的污渍。吹干后，安装到夹具上，并与电化学工作站的工作电极接通。然后测定待测试样在电解质溶液中的自腐蚀电位，即开路电位，待自腐蚀电位达到稳定值，关闭开路电位测定按钮，并打开动电位极化曲线的测试按钮，设定起始扫描电位（相对开路电位）、终止扫描电位以及扫描速度，分别进行静态以及不同载荷作用下的极化曲线的测定。实验结束后，保存数据，关闭电化学测试系统。最后利用塔菲尔外推法，对测得的极化曲线进行拟合，计算出相应的自腐蚀电位以及自腐蚀电流，并对极化曲线中所表现出的活性溶解区，钝化区以及去钝化过程进行详细的分析。

2.2.4 磨痕轮廓和比磨损率

激光共聚焦显微镜（CLSM）相较于普通光学显微镜，附加了激光光源、扫描和共轭聚焦装置以及检测系统，使其不仅具有高分辨、高灵敏度以及高放大倍数等特点，还具备强大的立体图像重构能力。本章利用激光共聚焦显微镜（型号：OLS4000），对腐蚀磨损实验后试样磨痕轮廓以及表面形貌进行观察，并对磨痕不同区域的截面轮廓以及截面积进行测量，通过对不同区域截面积的多次测量，求得磨痕截面积的平均值，进而计算出腐蚀磨损实验过程中的体积磨损量。采用如下公式可将体积磨损量换算成比磨损率：

$$k = \frac{V}{W \times L} \tag{2-1}$$

式（2-1）中：V——体积磨损量/m³；

W——法向载荷/N；

L——滑动距离/m。

2.3 微观结构与物相分析

为探究 60NiTi 合金中不同析出相对其腐蚀磨损性能的影响规律，本节将首先对比考察铸态和固溶态合金试样的物相组成。

合金试样经打磨、抛光以及超声清洗后，利用 X-射线衍射（XRD）仪对铸态和固溶态 60NiTi 的 X-射线衍射峰进行采集，尔后采用 jade 软件通过与物相标准 PDF 卡中衍射峰的比对，来鉴别合金中的物相组成，物相分析结果如图 2-2 所示。可以发现，铸态 60NiTi 主要含有 B2 NiTi 基体相和热力学平衡态 Ni_3Ti 析出相。经固溶处理后，Ni_3Ti 在高温奥氏体区会大量溶解，而在水淬急冷过程中，会有菱形结构的亚稳态沉淀相 Ni_4Ti_3 析出。

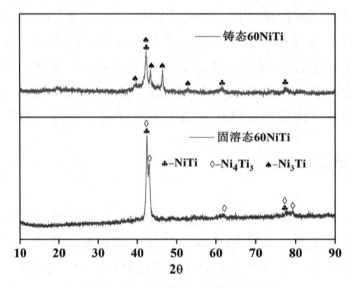

图 2-2　60NiTi 合金 X-射线衍射图

图 2-3 给出了铸态和固溶态 60NiTi 表面 SEM 形貌图，可以清晰的看到，铸态试样的基体相表面分布有大量的片状和条状沉淀相，如图 2-3（a）和图 2-3（b）所示，而经固溶处理后，片状和条状沉淀会大量溶解。表 2-3 中 EDS 分析结果表明，沉淀相 Ni：Ti 原子比与 Ni_3Ti 相非常接近[74,75]，说明条状和片状沉淀为的 Ni_3Ti，这与 XRD 结果相吻合。

60NiTi 是一种富镍的镍钛合金，其高温相为奥氏体 B2 TiNi 相，快速冷却过程中亚稳态沉淀相 Ni_4Ti_3 会迅速成核，最终在 B2NiTi 相表面形成纳米级 Ni_4Ti_3 相[76]。而在缓慢冷却过程中（炉冷），亚稳态沉淀相 Ni_4Ti_3 会沿着 $Ni_4Ti_3 \rightarrow Ni_3Ti_2 \rightarrow Ni_3Ti$ 路径进行析出相的转化，导致形成热力学平衡态的 Ni_3Ti 相[77]。由于浇筑和均匀化处理都是缓慢炉冷，亚稳态沉淀相 Ni_4Ti_3 有足够的时间向 Ni_3Ti 相转化。此外，NiTi 合金的马氏体转变温度与镍的含量密切相关，富镍的 60NiTi 合金马氏体相变温度远低于室温，故铸态试样的基体相为奥氏体 B2 TiNi 相，并伴随有大量的热力学平衡态的 Ni_3Ti 相析出。

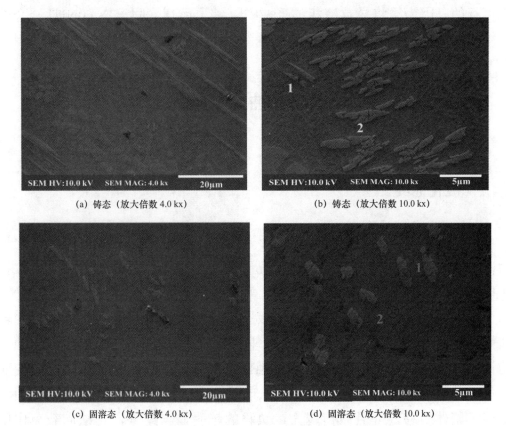

(a) 铸态（放大倍数 4.0 kx）　　(b) 铸态（放大倍数 10.0 kx）

(c) 固溶态（放大倍数 4.0 kx）　　(d) 固溶态（放大倍数 10.0 kx）

图 2-3　60NiTi 合金的表面形貌

表 2-3　60NiTi 合金表面所选区域的能谱分析

	铸态试样		固溶态试样	
	区域 1	区域 2	区域 1	区域 2
Ni/at.%	70.91	69.06	71.14	52.49
Ti/at.%	29.09	30.94	28.86	47.51

固溶处理是将试样加热到 1 050 ℃，保持 2 h 以充分溶解 Ni_3Ti 相，进而得到单相—奥氏体 B2 TiNi 相。尔后采用水淬快速冷却，以期在室温下获得单一的奥氏体 B2NiTi 相。然而，亚稳态沉淀相 Ni_4Ti_3 的形核发生的皮秒级[76]，因而纳米级 Ni_4Ti_3 沉淀相的析出在水淬时依然是无法避免的。故在固溶试样中可以检测到有大量 Ni_4Ti_3 析出相的存在。由于 B2 TiNi 相和亚稳态析出相 Ni_4Ti_3 都比较硬[78]，这就使得固溶态 60NiTi 拥有很高的硬度。值得注意的是，EDS 分析表明，固溶态 60NiTi 仍存在少量的 Ni_3Ti 相，这

是因为 1 050 ℃固溶处理无法使其完全溶解[76]。而进一步提高固溶温度是不可行的,因为这将导致液相的形成[76]。综上所述,固溶态 60NiTi 合金的相组成主要为奥氏体 B2 TiNi 相,纳米级 Ni_4Ti_3 沉淀相以及少量的 Ni_3Ti 相。

2.4 腐蚀磨损行为

2.4.1 极化曲线

为探索铸态和固溶态 60NiTi 合金在人工海水中的阳极溶解与钝化行为,分别进行了静态和腐蚀磨损工况下的动电位极化测试,所得动电位极化曲线如图 2-4 所示。由图 2-4(a)可知,对于铸态 60NiTi 而言,在静态和腐蚀磨损条件下,极化曲线的阳极区域均始于金属易于氧化成离子并转移到电解质溶液中的活性溶解区域,随后由于形成了具有高电阻耐腐蚀性的钝化膜而到达钝化区域[79],即腐蚀电流密度基本不随扫描电位的改变而变化。然而,在腐蚀磨损工况下(法向载荷为 5 N 和 10 N 时),极化曲线出现了整体负移,并且载荷越大,负移的越明显。此外,在法向载荷作用下,当扫描电位达到约 +0.18 V 时还出现了过钝化现象。很显然,剪切摩擦力加速了钝化膜的破坏。由图 2-4(b)可知,对于固溶态 60NiTi,静态腐蚀条件下,当扫描电位约为 0 V 时也观察到短暂的钝化过程,但随后在短时间内转变为过钝化状态。在腐蚀磨损工况下,极化曲线也出现了与铸态试样类似的负移现象。不同之处在于,滑动摩擦作用下,固溶态 60NiTi 的钝化区相较于静态腐蚀有所扩大。

表 2-4 给出了由 Tafel 外推法拟合动电位极化曲线而得到的腐蚀电位和腐蚀电流。显然,在静态腐蚀以及相同载荷下的腐蚀磨损条件下,铸态试样的腐蚀电位比固溶试样更负。与此同时,在相同条件下,铸态试样的腐蚀电流大于固溶态试样的腐蚀电流。以上结果表明,铸态试样相较于固溶态试样,更容易遭受海水的腐蚀。这是由于铸态试样中大量的粗大 Ni_3Ti 析出相(图 2-3)会引发钝化膜中缺陷的形成,最终导致局部点蚀的产生[67,68]。而且还发现,随着载荷的增大,铸态和固溶态试样的腐蚀电位变得更负,腐蚀电流更大,说明摩擦过程对腐蚀有强烈地促进作用。

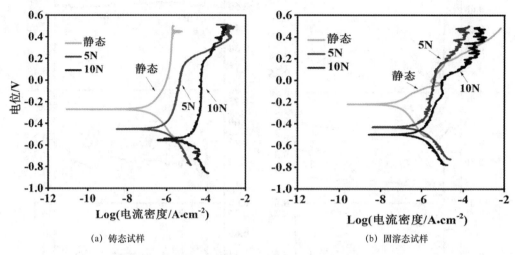

(a) 铸态试样　　　　　　　　　　(b) 固溶态试样

图 2-4　静态和载荷作用下 60NiTi 合金的极化曲线

表 2-4　60NiTi 合金的腐蚀电位和腐蚀电流密度

	E_{corr}/V			I_{corr}/Amp·cm^{-2}		
	静态腐蚀	5 N	10 N	静态腐蚀	5 N	10 N
铸态	−0.27	−0.45	−0.55	9.73×10^{-7}	5.74×10^{-6}	6.26×10^{-5}
固溶态	−0.22	−0.43	−0.49	1.92×10^{-7}	4.98×10^{-6}	8.39×10^{-6}

2.4.2　开路电位–摩擦系数

图 2-5 为人工海水中不同法向载荷作用下，铸态和固溶态 60NiTi 的开路电位与摩擦系数随时间变化图。显然，在未加载法向载荷时，固溶态 60NiTi 合金［图 2-5（b）］在海水介质中的开路电位要比铸态试样［图 2-5（a）］更正，说明固溶态试样抵抗海水腐蚀性更强，这与动电位极化的分析结果是一致的。一旦施加了法向载荷，铸态和固溶态试样的开路电位都会向负方向急剧偏移，说明剪切摩擦过程使得钝化膜发生了破裂，从而导致试样在海水中的耐腐蚀性能退化。然而，在开路电位下降到最低点后保持很短时间就会出现上升，且载荷越大，开路电位在最低点持续的时间越长。这表明，即使在剪切摩擦力的作用下，裸露的金属仍会发生钝化膜的部分重构，但法向载荷越大，钝化膜的重构越困难。

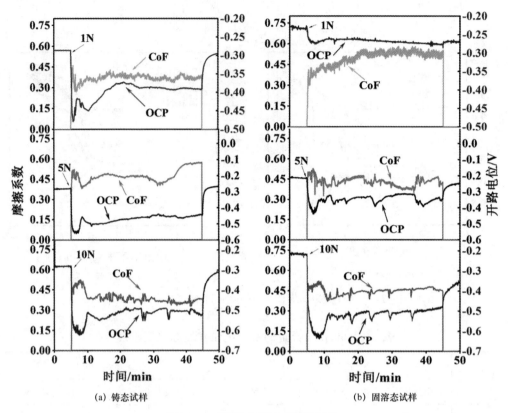

图 2-5　开路电位与摩擦系数

经短暂上升后，当施加载荷为 1 N 时，铸态试样的开路电位又会下降尔后再次上升，最终由于钝化膜的形成与机械去除达到了动态平衡而保持相对稳定[11]。而对于固溶态试样而言，开路电位一直保持缓慢下降趋势直至卸载，这意味着固溶态试样的钝化膜抵抗滑动摩擦损伤能力要比铸态试样要强。当载荷增加到 5 N，滑动摩擦过程中固溶态试样的开路电位出现不规则的波动，这种现象在载荷增加到 10 N 时铸态和固溶试样中也可以观察到。而且还发现，在整个腐蚀磨损实验过程中，摩擦系数与开路电位的波动保持着良好的协同关系。即开路电位向正向移动的同时摩擦系数减小，反之亦然。这意味着在载荷比较大的滑动摩擦过程中会交替地出现钝化膜的破裂和部分重构。

当卸载后，所有腐蚀磨损试验的开路电位均在几秒内急剧增加，最终达到稳定值，但自腐蚀电位要明显小于初始值，说明破坏的钝化膜在卸载后不能完全重构。此外，还发现，滑动摩擦过程中开路电位随载荷的增加而减小，且在施加相同载荷时，铸态试样的开路电位比固溶态更小，表明铸态试样在摩擦力作用下耐腐蚀性能退化的更为严重。

2.4.3 磨痕表面与比磨损率

图 2-6 为开路电位时铸态和固溶态 60NiTi 在不同载荷作用下的磨痕表面光学显微图。可以观察到，铸态合金磨痕表面存在表皮剥落现象，而且，当载荷增加时，剥离区域会明显增大。此外，在平行于滑动方向上还可观察到细小的犁沟。对于固溶态合金试样而言，表层剥落现象依然存在，但相对铸态合金剥落区域较小。这一磨损形式与等原子 NiTi 合金在模拟唾液中进行腐蚀磨损试验时是类似的[80]。表层剥落和犁沟的形成过程如下：上摩擦副 Si_3N_4 球的硬度在 1300～1500 HV 之间，远大于铸态和固溶态 60NiTi。在载荷作用下，Si_3N_4 球硬质表面的微凸体嵌入 60NiTi 较软合金表面，一旦滑动开始，软表面就会被硬微凸体反复切割，当表面微裂纹扩展到一定程度就会出现剥离，从而导致表层剥落和磨料磨损的产生。

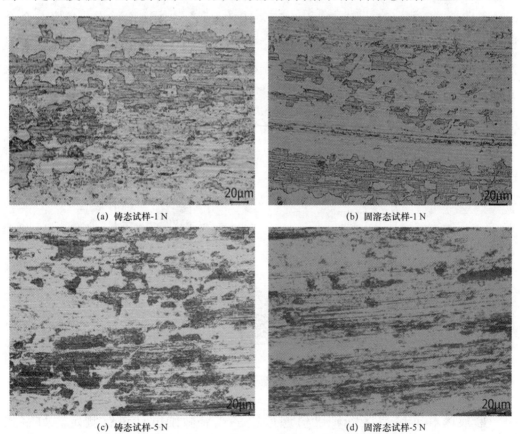

(a) 铸态试样-1 N   (b) 固溶态试样-1 N

(c) 铸态试样-5 N   (d) 固溶态试样-5 N

图 2-6 磨痕区的光学形貌

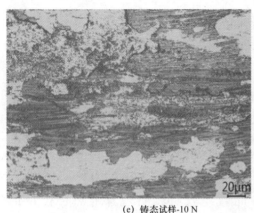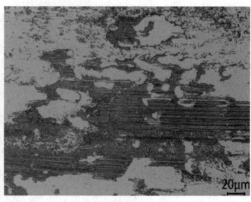

(e) 铸态试样-10 N　　　　　　　　(f) 固溶态试样-10 N

图 2-6　磨痕区的光学形貌（续）

图 2-7 为铸态和固溶态 60NiTi 合金在海水介质中腐蚀磨损工况下的比磨损率。如图所示，在 1 N 载荷条件下，铸态和固溶态合金试样的比磨损率分别为 8.13×10^{-6} mm³·(N·m)⁻¹ 和 7.09×10^{-6} mm³·(N·m)⁻¹，基本接近。当载荷增加到 5 N 和 10 N 时，固溶态合金试样的比磨损率分别为 2.01×10^{-5} mm³·(N·m)⁻¹ 和 5.57×10^{-5} mm³·(N·m)⁻¹，而铸态合金试样则为 2.44×10^{-5} mm³·(N·m)⁻¹ 和 8.61×10^{-5} mm³·(N·m)⁻¹。显然，固溶态试样比磨损率要明显低于铸态试样，说明固溶态 60NiTi 在海水介质中比铸态试样更耐磨。

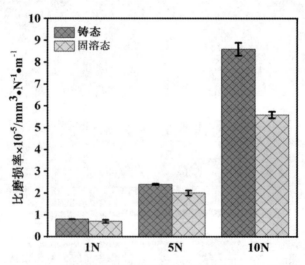

图 2-7　不同载荷下的比磨损率

磨痕区和非磨痕区的硬度值通过数字式显微硬度计进行测定。数字式显微硬度计采用 136° 正菱形金刚石压头，以特定的力压入待测试样的表面，并保持一段时间后卸载，再通过目镜测量压痕对角线长度，计算出压痕锥形表面积所受的平均压力，从而得到维氏硬度值，经多次测量，取平均值来确定最终的测量值。测量结果如图 2-8 所示，可以看出，60NiTi 合金经固溶＋水淬处理后，硬度可由 380 HV 增加到 640 HV，这是由于固溶态合金试样在水淬过程中析出大量纳米级 Ni_4Ti_3 相，起到了固溶强化的作用。此外，铸态和固溶态试样的磨痕区均出现了明显的加工硬化，且载荷越大，加工硬化效应越明显。

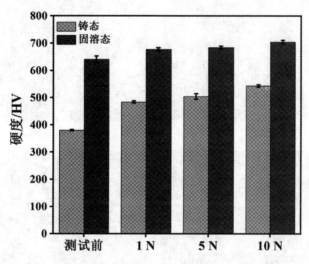

图 2-8　60NiTi 合金盘的比磨损率与硬化行为

铸态和固溶态 60NiTi 合金试样磨痕区 SEM 形貌如图 2-9 所示。显然，在不同载荷作用下，磨痕区的形貌存在很大差异。当载荷为 1 N 时，试样表面的磨损较轻，在磨痕区滑动方向出现了轻微的犁沟现象，而在磨痕区域可观察到轻微的剥离痕迹。当载荷增加到 5 N 和 10 N 时，铸态合金试样磨痕表面出现了较深的犁沟，且犁沟周围存在大量黑色絮状磨屑。此外，犁沟附近可观察到大量微裂纹的存在，表明铸态合金试样不仅存在磨粒磨损，还存在剥层剥落的疲劳磨损。对于固溶态试样而言，磨痕区表面可观察到片状剥离区，但犁沟深度较浅，说明固溶态试样是磨损形式表层剥落的疲劳磨损。

综合以上分析可知，铸态 60NiTi 合金主要由 B2 NiTi 基体相和 Ni_3Ti 析出相组成。固溶处理可使 Ni_3Ti 大量溶解，并在基体中析出大量纳米级亚稳态 Ni_4Ti_3 沉淀相，但不能完全消除 Ni_3Ti 相。在法向载荷作用下，开路电位均向负移，且偏移程度随外加法向载荷的增加而变大，与此同时，腐蚀电流也会显著增加。60NiTi 合金中 Ni_3Ti 相的析出对其耐蚀性以及抗腐蚀磨损性均会造成不利影响。固溶态 60NiTi 合金在海水介质中的抗腐蚀磨损性能优于铸态合金，铸态合金的磨损形式为磨粒磨损和疲劳磨损，而固溶态试样的磨损形式则主要为疲劳磨损。

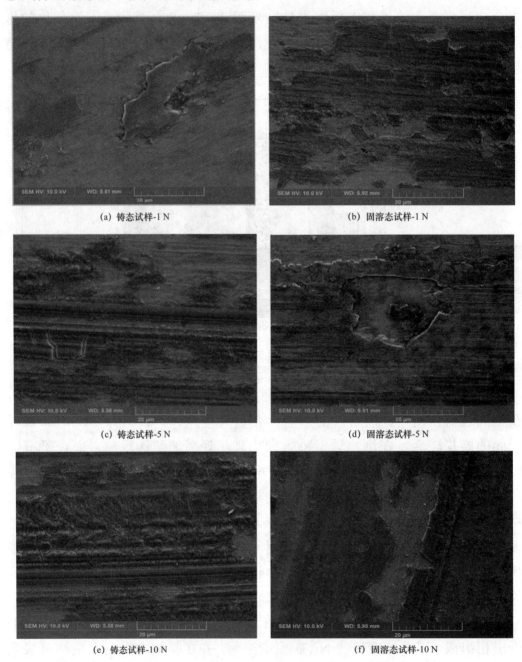

(a) 铸态试样-1 N   (b) 固溶态试样-1 N

(c) 铸态试样-5 N   (d) 固溶态试样-5 N

(e) 铸态试样-10 N   (f) 固溶态试样-10 N

图 2-9　60NiTi 合金磨痕区 SEM 图

　　图 2-10 是海水介质中腐蚀磨损条件下（10 N），氮化硅球磨损表面 SEM 图及其表面元素分布。由图 2-10（a）可以看出，氮化硅球表面无犁沟痕迹，磨痕表面外边缘处出现轻微擦伤，而磨痕中心位置可观察到剥离现象。总的来讲，氮化硅陶瓷球的磨损较小。这是因为氮化硅球/60NiTi 盘摩擦副中，氮化硅陶瓷球的硬度高达 1500 HV，远高于 60NiTi 合金（约 640 HV），在摩擦过程中，较软的 60NiTi 盘更容易发生磨损。通过图 2-10（b）的磨痕局部放大图可以发现，磨痕中心位置分布有大量凹坑，为了研究其元素组成，图 2-10（c）～图 2-10（f）给出了表面元素分布图。显然，非凹坑区主要含有 Si 和 N 元素，而凹坑表面的 Si 和 N 元素则非常少。O 元素在整个磨损表面的分布较为均匀，说明氮化硅球在海水介质中摩擦过程发生了氧化。此外，在磨痕表面还可检测到少量 Ca 元素的存在，说明表面还残留有部分钙的化合物。

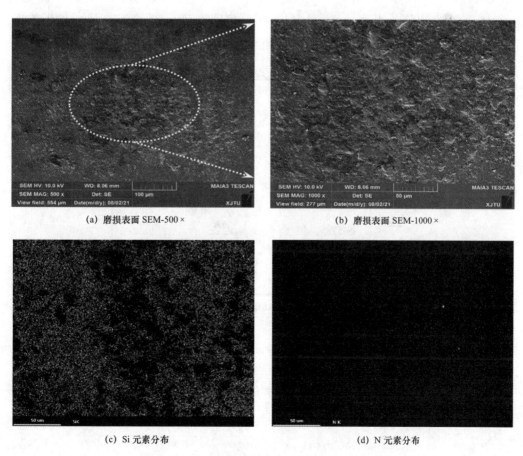

(a) 磨损表面 SEM-500 ×　　　　　　(b) 磨损表面 SEM-1000 ×

(c) Si 元素分布　　　　　　(d) N 元素分布

图 2-10　氮化硅球磨损表面及其元素分布

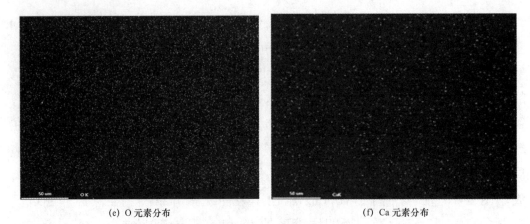

(e) O 元素分布　　　　　　　　　　　　　(f) Ca 元素分布

图 2-10　氮化硅球磨损表面及其元素分布（续）

图 2-11 为氮化硅陶瓷球磨痕表面的拉曼光谱图，其中主强峰和拉曼位移约为 1580 cm⁻¹ 弱峰对应的是 Si_3N_4[81]，拉曼位移为 200 cm⁻¹ 和 1 500 cm⁻¹ 左右的两个峰则对应 SiO_2[82]，而且拉曼位移为 200 cm⁻¹ 的峰还表明有 $Si(OH)_4$ 的存在[83]。此外，拉曼光谱中还发现有 $CaCO_3$ 峰。以上结果表明，氮化硅球磨痕表面的氧化物为 SiO_2 和 $Si(OH)_4$，钙的化合物为 $CaCO_3$。

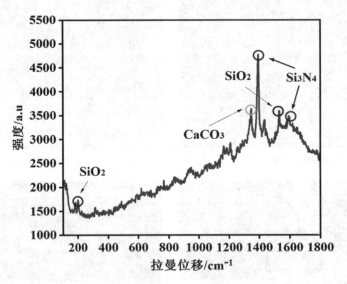

图 2-11　氮化硅球磨损表面拉曼光谱分析

在海水介质中，SiO_2 和 $Si(OH)_4$ 的形成是由于 Si_3N_4 会与水发生如下反应[83,84]：

$$Si_3N_4 + 6H_2O \rightarrow 3SiO_2 + 2N_2 + 4H_2 \qquad (2\text{-}2)$$

$$Si_3N_4 + 2H_2O \rightarrow Si(OH)_4 \qquad (2\text{-}3)$$

而 $CaCO_3$ 则是由于海水介质中的 Ca^{2+} 与 CO_3^{2-} 发生如下反应[81]，进而沉积在磨痕表面。

$$Ca^{2+} + CO_3^{2-} \rightarrow CaCO_3 \qquad (2-4)$$

SiO_2 和 $Si(OH)_4$ 反应产物会在表面形成润滑膜，使得 60NiTi 合金在海水中的摩擦系数（约 0.45）小于干摩擦条件下的摩擦系数（约 1.03/1.08）[64]。而 $CaCO_3$ 的存在对润滑膜的形成是不利的，因为它会阻碍氮化硅与水的反应[83]。

2.5 60NiTi 与 Ti6Al4V 合金材料腐蚀磨损性能对比

为评估 60NiTi 在海水介质中腐蚀磨损工况下的应用前景，本节将对比考察固溶态 60NiTi 合金与典型海工装备关键摩擦副材料的腐蚀磨损性能。通过前期文献调研发现，目前广泛应用于海水介质腐蚀磨损工况下的摩擦副材料主要有不锈钢和 Ti6Al4V 合金材料。表 2-5 给出了 Ti6Al4V 和不锈钢材料在开路电位下的腐蚀磨损性能对比。

表 2-5 Ti6Al4V 和不锈钢材料腐蚀磨损性能对比[4,11,85—87]

材料	摩擦系数	总材料损失率	纯磨损	磨损加速腐蚀	腐蚀加速磨损
		/ ($mm^3 \cdot mm^{-2} \cdot a^{-1}$)			
304	0.41	520.00	360.00	10.00	145.00
410	0.44	730.00	520.00	30.00	180.00
2205	0.43	146.70	129.76	0.90	16.97
316L	0.43	185.40	134.80	1.70	48.20
Ti6Al4V	0.24	68.70	43.80	0.27	25.50

由表 2-5 可知，奥氏体不锈钢（如 304 和 316L）在腐蚀磨损工况下的总材料损失率以及腐蚀加速磨损和磨损加速腐蚀量均显著小于马氏体不锈钢（410），而 2205 双相不锈钢的总体积损失率以及腐蚀加速磨损和磨损加速腐蚀量又小于不锈钢，说明 2205 双相不锈钢相较于不锈钢，更合适用于暴露在海水介质中的运动部件。对于不锈钢和 Ti6Al4V 合金材料而言，后者的总材料损失率、纯磨损、腐蚀加速磨损以及磨损加速腐蚀量均明显小于不锈钢材质，说明 Ti6Al4V 的抗腐蚀磨损性能要显著强于不锈钢材质。

有鉴于此，本节将着重对比考察不同载荷作用下 60NiTi 与 Ti6Al4V 合金的腐蚀磨损性能。表 2-6 为 60NiTi 和 Ti6Al4V 在不同法向载荷下的平均和最大接触比压。

表 2-6　Ti6Al4V 和 60NiTi 在不同法向载荷下的平均和最大接触比压

材料	硬度/HV	弹性模量/GPa	泊松比	法向载荷/N	平均接触比压/GPa	最大接触比压/GPa
60NiTi	640	105.00	0.34	1	0.39	0.59
				5	0.67	1.01
				10	0.85	1.27
Ti6Al4V	363	113.80	0.34	1	0.43	0.64
				5	0.73	1.10
				10	0.93	1.39

2.5.1　开路电位–摩擦系数

图 2-12 是载荷为 1 N 时，固溶态 60NiTi 和 Ti6Al4V 合金与 Si_3N_4 球摩擦副在人工海水介质中滑动条件下摩擦系数与开路电位随测试时间的变化曲线。开路电位是表征金属材料腐蚀敏感性的一个重要热力学参数。开路电位越正，材料腐蚀倾向越小；反之，开路电位越负，材料腐蚀倾向越大。

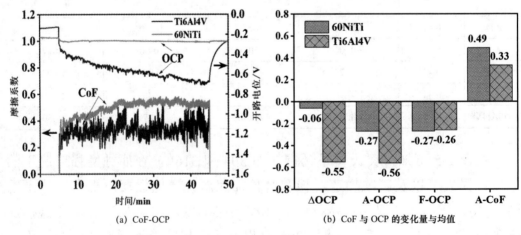

(a) CoF-OCP

(b) CoF 与 OCP 的变化量与均值

图 2-12　开路电位与摩擦系数（载荷 = 1 N）

由图 2-12（a）可知，在法向载荷加载前，Ti6Al4V 的开路电位相较于固溶态 60NiTi 发生了正移，表明 Ti6Al4V 合金在静态海水中的耐腐蚀性能略强于 60NiTi。当施加 1 N 载荷后，60NiTi 合金的开路电位基本未发生变化，而 Ti6Al4V 合金的开路电位却出现了明显的负移，而且，随着测试时间的增加，开路电位还会逐渐向更负的方向偏移。显然，在低载荷条件下，60NiTi 合金耐腐蚀性能基本不受法向载荷的影响，说明此时钝化膜没有发生破裂或者再钝化的速率与机械去钝化速率相当。而对于 Ti6Al4V 合金，表面的钝化膜显然已经遭到了破坏，而且再钝化的速率远小于机械去钝化速率。摩擦是两个接触表面间阻碍相对运动或者相对运动趋势的力，而摩擦系数则为摩擦的定量表征，为无量纲标量。摩擦系数不仅与摩擦配副材料性质相关，还与环境介质，工况载荷以及真实接触面积等密切相关。图 2-12（a）表明，载荷为 1 N 时，固溶态 60NiTi 合金在人工海水中的摩擦系数较大，但相对比较稳定，而 Ti6Al4V 合金的摩擦系数较小，但波动很大，其最大摩擦系数基本与 60NiTi 合金相当。

图 2-12（b）为固溶态 60NiTi 和 Ti6Al4V 合金的 ΔOCP、A-OCP、A-CoF 和 F-OCP 值，其中 ΔOCP 表示从载荷加载到卸载，开路电位最大值与最小值之差；A-OCP 和 A-CoF 分别代表腐蚀磨损条件下的平均开路电位和摩擦系数；F-OCP 则表示腐蚀磨损实验结束后，体系所能达到的最终开路电位。由图 2-12（b）可知，施加 1 N 载荷后，Ti6Al4V 的开路电位向负方向的偏移量（ΔOCP）达到 0.55 V，而 60NiTi 合金的 ΔOCP 则仅为 −0.06 V，而且 60NiTi 合金的 A-OCP（−0.27 V）也明显大于 Ti6Al4V（−0.56 V）。以上结果说明，在载荷为 1 N 时，固溶态 60NiTi 的抗磨损加速腐蚀能力要远强于 Ti6Al4V 合金。

当载荷增加到 5 N 时，如图 2-13 所示，60NiTi 的开路电位经短暂偏移后，达到相对稳定状态，表明表面去钝化-再钝化达到了动态平衡。对于 Ti6Al4V 而言，开路电位随时间的增加持续下降，说明表面去钝化速度远大于再钝化速率，表明 Ti6Al4V 存在严重的磨损加速腐蚀效应。在相同条件下，60NiTi 的开路电位负移量（ΔOCP）为 0.19 V，A-OCP 为 −0.35 V。而在相同测试条件下，Ti6Al4V 的 ΔOCP 和 A-OCP 分别达到 −0.78 V、−0.75 V。以上结果说明，载荷增加到 5 N 时，60NiTi 合金的抗磨损加速腐蚀能力依然远强于 Ti6Al4V。此外，60NiTi 合金的摩擦系数也出现了较大的波动，而且摩擦系数的变化与其开路电位一一对应，说明在此过程中存在机械去钝化和再钝化的交替演变。

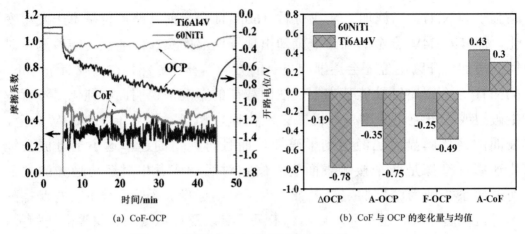

(a) CoF-OCP

(b) CoF 与 OCP 的变化量与均值

图 2-13　开路电位与摩擦系数（载荷 = 5 N）

当载荷进一步增加到 10 N 时，如图 2-14 所示，60NiTi 的 ΔOCP 和 A-OCP 分别增大到 −0.36 V 和 −0.52 V。而 Ti6Al4V 的 ΔOCP（−0.78 V）和 A-OCP（−0.76 V）与载荷为 5 N 时基本相当，但负移量依然远大于 60NiTi 合金。而且，载荷卸载后，60NiTi 合金开路电位可恢复到 −0.36 V，而 Ti6Al4V 的 F-OCP 仅达到 −0.42 V，说明在此条件下，60NiTi 合金的抗磨损加速腐蚀能力仍要强于 Ti6Al4V，但 Ti6Al4V 合金的摩擦系数相较于 1 N 和 5 N 载荷条件下，有所降低。

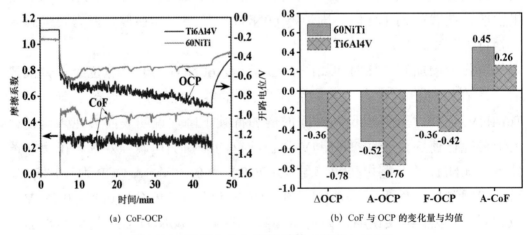

(a) CoF-OCP

(b) CoF 与 OCP 的变化量与均值

图 2-14　开路电位与摩擦系数（载荷 = 10 N）

综上所述，可以发现，在人工海水中工况载荷作用下，60NiTi 合金的开路电位向负方向偏移量远小于 Ti6Al4V，表现出非常优异的抗磨损加速腐蚀能力，考虑到腐蚀磨损条件下，再钝化速率是影响开路电位的关键因素，可以推断，60NiTi 合金在人工海水中的再钝化能力要强于 Ti6Al4V。就摩擦系数而言，Ti6Al4V 在不同法向载荷作用下均小于 60NiTi，这是因为 Ti6Al4V 的剪切强度要低于 60NiTi，滑动滑动过程中所需的切向力也相对较小。

2.5.2　磨痕轮廓和比磨损率

图 2-15 是载荷为 1 N 时，60NiTi 和 Ti6Al4V 合金在人工海水中腐蚀磨损实验后，磨损表面与磨痕截面轮廓图，用于表征腐蚀腐蚀实验过程中，因磨损导致的材料损耗。由图 2-15（a）可知，Ti6Al4V 合金试样表面磨损严重，磨痕宽度可达 362.58 μm，且在磨痕中间区域观察到大量较深的犁沟，说明其磨损形式主要为磨粒磨损。由图 2-15（b）可知，60NiTi 合金表面的犁沟非常浅，而且磨痕宽度（155.59 μm）不到 Ti6Al4V 合金的一半。从图 2-15（c）的磨痕截面轮廓图中可以看到，Ti6Al4V 合金试样的犁沟较宽，磨痕截面积达到 560.16 μm²，而 60NiTi 合金的表面的犁沟数量少，如图 2-15（d）所示，而且磨痕截面积（28.58 μm²）比 Ti6Al4V 小一个数量级，以上结果说明，在低载荷条件下，60NiTi 合金在人工海水中的抗磨损性能要远强于 Ti6Al4V 合金材料。此外，犁沟内还可观察到一层黑色物质，考虑到人工海水电解质具有强的化学反应性，这可能为合金与溶液介质反应形成的产物，后续将对其成分做进一步分析。

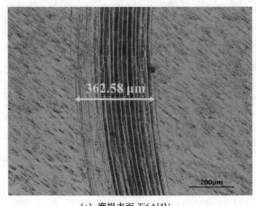
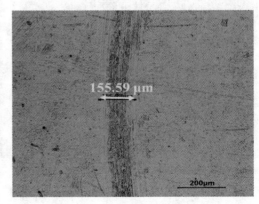

(a) 磨损表面-Ti6Al4V　　　　　　　　　　(b) 磨损表面-60NiTi

图 2-15　磨痕表面与轮廓（载荷 = 1 N）

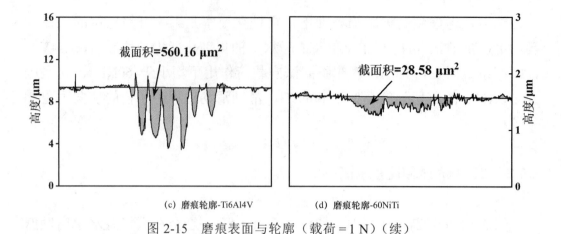

(c) 磨痕轮廓-Ti6Al4V   (d) 磨痕轮廓-60NiTi

图 2-15　磨痕表面与轮廓（载荷 = 1 N）（续）

　　图 2-16 给出了载荷为 5 N 时，两种合金材料的磨损表面与轮廓图。当载荷增加到 5 N 时，Ti6Al4V 合金的磨痕宽度由 362.58 μm 增加了 83%，达到 665.50 μm，如图 2-16（a）所示，细小犁沟的数量也增多，表面还可观察到明显剥离痕迹。磨痕轮廓截面积也从 560.16 μm² 增至 2744.88 μm²，如图 2-16（c）所示，而且摩擦区域存在较大区域的剥落。60NiTi 合金的磨痕宽度也从 155.59 μm 增加到 339.64 μm，如图 2-16（b）所示，但表面的犁沟数量较少，而且很浅，磨痕宽度仍接近 Ti6Al4V 合金的一半。60NiTi 合金磨痕表面也存在表层剥离现象，而且在剥离区存在大量黑色物质。图 2-16(d)的磨痕截面轮廓表明，60NiTi 磨痕截面积仅为 234.24 μm²，而且磨痕表面不存在较宽的犁沟。

(a) 磨损表面-Ti6Al4V   (b) 磨损表面-60NiTi

图 2-16　磨痕表面与轮廓（载荷 = 5 N）

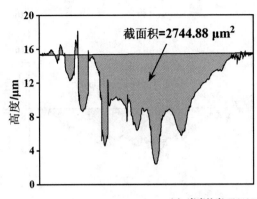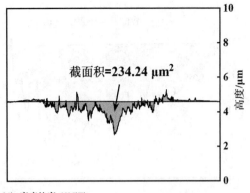

(c) 磨痕轮廓-Ti6Al4V (d) 磨痕轮廓-60NiTi

图 2-16 磨痕表面与轮廓（载荷 = 5 N）

图 2-17 给出了载荷为 10 N 时，两种合金材料的磨损表面与轮廓图。可以看出，将法向载荷进一步增加时，Ti6Al4V 合金的磨痕宽度相较于 5 N 时增加了 20%，如图 2-17（a）所示，而 60NiTi 合金则增加了 105%，达到 698.55 μm，如图 2-17（b）所示，这可能是由于 60NiTi 合金发生了应力诱变马氏体相变，产生了超弹性使得球与盘表面的接触面积增大所致。尽管如此，Ti6Al4V 合金的磨痕宽度仍比 60NiTi 大 100 μm 左右。此外，从图 2-17（c）可以看出，Ti6Al4V 合金的最大磨痕深度接近 14 μm，截面面积达到 4529.97 μm^2，远大于 60NiTi 合金的最大磨痕深度（约 5 μm）和磨痕截面面积（1625.49 μm^2），说明较高接触比压下，60NiTi 合金在人工海水介质中的抗磨损性能仍远强于 Ti6Al4V。

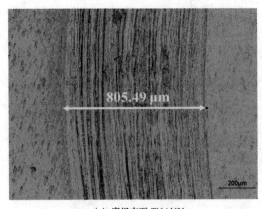

(a) 磨损表面-Ti6Al4V   (b) 磨损表面-60NiTi

图 2-17 磨痕表面与轮廓（载荷 = 10 N）

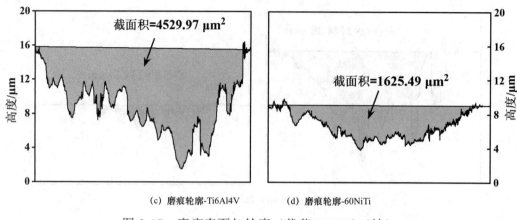

(c) 磨痕轮廓-Ti6Al4V   (d) 磨痕轮廓-60NiTi

图 2-17　磨痕表面与轮廓（载荷＝10 N）（续）

　　为了更直观地获取磨痕表面不同区域的磨损形貌，图 2-18 进一步给出了磨损表面的三维形貌图。可以看出，Ti6Al4V 合金不管在低载荷还是较高载荷下，磨痕表面均分布有较深的犁沟。低载荷时（1 N），如图 2-18（a）所示，磨痕表面的犁沟较深但相对较窄，而且在磨痕区犁沟分布较为均匀。随着载荷的增加，如图 2-18（c）和图 2-18（e）所示，犁沟的分布呈现明显的不均匀性，靠近圆环外侧区域犁沟宽而且深，而靠近内侧的犁沟则较浅，说明靠近圆环外侧区域承载的应力较大。此外，当载荷增到 10 N 时，Ti6Al4V 合金磨痕深度显著增加，单条犁沟的宽度也明显增大，而且较浅犁沟区域也出现了表层剥离现象。而对于 60NiTi 而言，低载荷下，如图 2-18（b）所示，摩擦区域未发现有明显的犁沟，且摩擦区域的表面粗糙度与非磨痕区基本相同。当载荷增加到 5 N 时，如图 2-18（d）所示，磨痕区可观察到浅而窄的犁沟，表层也出现了轻微剥离。当载荷进一步增加时，如图 2-18（f）所示，犁沟基本消失，磨痕区中间表层剥离明显，而两侧则较轻。

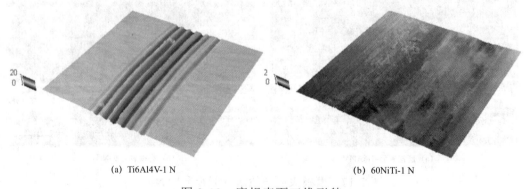

(a) Ti6Al4V-1 N   (b) 60NiTi-1 N

图 2-18　磨损表面三维形貌

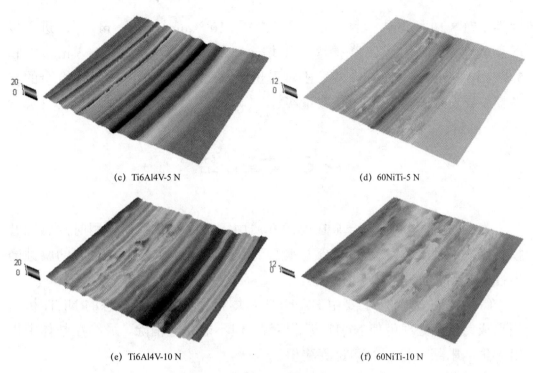

(c) Ti6Al4V-5 N　　　　　　　　　(d) 60NiTi-5 N

(e) Ti6Al4V-10 N　　　　　　　　(f) 60NiTi-10 N

图 2-18　磨损表面三维形貌（续）

图 2-19 为不同载荷下 60NiTi 和 Ti6Al4V 合金的比磨损率。显然，60NiTi 合金的抗磨性远强于 Ti6Al4V。具体而言，载荷为 1 N 时，Ti6Al4V 合金的比磨损率为 3.62×10^{-5} mm^3·(N·m)$^{-1}$，而 60NiTi 合金的比磨损率则为 7.08×10^{-6} mm^3·(N·m)$^{-1}$。当载荷增至 5 N 时，两种合金的比磨损率分

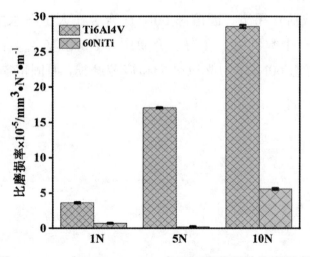

图 2-19　60NiTi 和 Ti6Al4V 在不同载荷下的比磨损率

别为 1.71×10^{-4} mm^3 · (N · m)$^{-1}$ 和 2.01×10^{-5} mm^3 · (N · m)$^{-1}$。进一步增加载荷到 10 N，比磨损率分别增至 2.86×10^{-4} mm^3 · (N · m)$^{-1}$ 和 5.87×10^{-5} mm^3 · (N · m)$^{-1}$。不难看出，在海水介质中，60NiTi 合金的比磨损率要比 Ti6Al4V 低一个数量级。

2.6 本章小结

本章研究了 60NiTi 合金在海水介质中下不同法向载荷作用时的腐蚀磨损行为，并对比考察了 60NiTi 与典型海洋工程材料 Ti6Al4V 合金的腐蚀磨损性能。结论如下：

（1）铸态 60NiTi 主要由 B2 NiTi 基体相和热力学平衡态的 Ni$_3$Ti 析出相组成。固溶处理可使 Ni$_3$Ti 大量溶解，但不能完全消除，最终在基体中析出大量纳米级亚稳态 Ni$_4$Ti$_3$ 沉淀相。

（2）法向载荷作用下的摩擦过程会引起 60NiTi 合金磨痕表面出现微裂纹萌生、扩展直至剥离，进而导致腐蚀电位负移，腐蚀电流增加。固溶态 60NiTi 合金在人工海水中的耐蚀性和抗腐蚀磨损性能均强于铸态合金。

（3）1 N 载荷作用下，固溶态 60NiTi 在人工海水中的腐蚀电位负移量为 Ti6Al4V 的 10.9%；当载荷增至 5 N 和 10 N 时，前者的腐蚀电位负移量也仅为 Ti6Al4V 的 24% 和 46%，表明固溶态 60NiTi 在海水介质中的抗磨损加速腐蚀能力远强于 Ti6Al4V。

（4）不同载荷作用下，固溶态 60NiTi 合金在人工海水中的比磨损率均比 Ti6Al4V 低一个数量级。在海水介质中，Ti6Al4V 合金的主要磨损形式为磨粒磨损，铸态 60NiTi 为磨粒磨损和疲劳磨损，而固溶态 60NiTi 则主要为疲劳磨损。

3　60NiTi 合金的腐蚀与磨损交互演变机理

钛及钛合金（如 Ti6Al4V）的耐海水腐蚀性明显优于不锈钢[36]，因而广泛应用于海洋工程领域。在实际应用中，钛合金材料往往会受到海水电化学腐蚀和冲刷或机械摩擦等力的双重作用，引发严重的腐蚀磨损问题。前期研究表明，60NiTi 合金在海水介质中的抗磨损加速腐蚀性和耐磨性远强于 Ti6Al4V，在海洋工程领域有广阔的应用前景，但目前对其腐蚀与磨损交互演变机理尚无定论。本章将详细考察 60NiTi 合金在人工海水中的腐蚀与磨损交互作用，着重分析腐蚀加速磨损和磨损加速腐蚀演变机制。

3.1　磨损与腐蚀交互作用

为探究腐蚀磨损过程中，腐蚀和磨损的相互促进作用，基于 ASTM G119-09（2016 年重新修订）标准，对 5 N 载荷下，总材料损失率、纯磨损损失，纯腐蚀损失，腐蚀对磨损以及磨损对腐蚀的促进量分别进行了计算。具体方法如下，总材料损失率 T 可表示为：

$$T = W_0 + C_0 + S \tag{3-1}$$

式（3-1）中：W_0——纯磨损率/$mm^3 \cdot a^{-1}$；

S——腐蚀与磨损交互作用导致的材料损失率/$mm^3 \cdot a^{-1}$；

C_0——纯腐蚀速率/$mm^3 \cdot a^{-1}$，由质量损失率（MR）除以材料密度来计算（本研究 $\rho = 6.7$ g/cm³），质量损失率可由以下方程进行计算：

$$MR = K \frac{i_{corr}W}{n} \tag{3-2}$$

式（3-2）中：MR——质量损失率/g·(m²·d)⁻¹;

$K = 8.954 \times 10^{-3}$，(g·cm²)/(μA·m²·d)；

i_{corr}——腐蚀电流密度/Amp·cm⁻²；

W——元素相对原子质量；

n——元素在腐蚀产物中的价态。

本研究中依据参考文献值选取 $W = 47.867$，$n = 4$[37]。

S 可进一步表示为：

$$S = \Delta W_c + \Delta C_w \tag{3-3}$$

式（3-3）中：ΔW_c——腐蚀加速磨损/mm³·a⁻¹；

ΔC_w——磨损加速腐蚀/mm³·a⁻¹，故：

$$T = W_0 + C_0 + \Delta C_w + \Delta W_c \tag{3-4}$$

式（3-4）中，ΔC_w 由如下方程计算：

$$\Delta C_w = C_w - C_0 \tag{3-5}$$

式（3-5）中，C_w 亦可由式（3-2）来计算，其中 i_{corr} 是 Tafel 外推法拟合腐蚀磨损试验时的动电位极化曲线得到的腐蚀电流。

ΔW_c 则可通过如下等式进行计算：

$$\Delta W_c = T - W_0 - C_0 - \Delta C_w \tag{3-6}$$

为考察 60NiTi 合金中 B2 基体上析出相对其腐蚀磨损交互作用的影响，分别测定了铸态（含 Ni₃Ti 析出相）和固溶态（含有 Ni₄Ti₃ 并伴随有少量 Ni₃Ti 相）试样在人工海水中静态及腐蚀磨损条件下的极化曲线（图2-4），再采用 Tafel 外推法求得腐蚀电流密度（表2-4），通过式（3-2）和式（3-5）计算出纯腐蚀量和磨损加速腐蚀量。纯磨损量采用阴极保护法，消除腐蚀对磨损的影响，而腐蚀加速磨损量通过式（3-6）进行计算，所得结果图3-1所示。

可以看出，尽管固溶态合金试样的硬度（640 HV）远大于铸态合金（380 HV），但两者的纯磨损率差别不是很大，这一方面是由于 60NiTi 合金在摩擦作用下会发生加工硬化（图2-8），另一方面是超弹性合金材料的耐磨性同时受硬度和其超弹性的影响，且超弹性起主导作用[54,55]。超弹性对材料耐磨性的影响主要表现在[54]：① 应力诱变马氏体相变有效耗散了接触表面

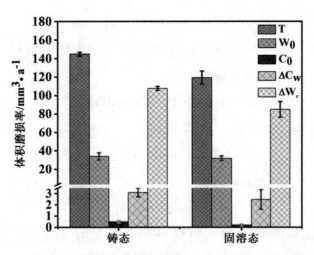

图 3-1 纯磨损、纯腐蚀、腐蚀对磨损以及磨损对腐蚀的促进量

的能量；② 接触面积增加，接触应力下降，减少了应力集中；③ 脱离接触时，可逆相变引起应变回复，同时吸收热量，降低摩擦表面温度。对于纯腐蚀，固溶态合金试样在人工海水中的体积损失率仅为铸态合金的一半，说明固溶态合金试样更耐海水腐蚀，这一结论与前期腐蚀电位的表征结果相吻合。这表明，60NiTi 中 Ni_3Ti 析出相的存在对其在海水中的耐腐蚀性是极其不利的，这是因为粗大 Ni_3Ti 析出相会导致 60NiTi 表面的钝化膜存在缺陷[68]。

对于磨损加速腐蚀而言，两种试样的磨损加速腐蚀损失量均比纯腐蚀量大的多，说明存在明显的磨损加速腐蚀作用，而腐蚀加速磨损则更为明显。具体而言，铸态合金因腐蚀加速磨损造成的材料损失大于纯机械磨损量，而固溶态试样的腐蚀加速磨损损失量也大于纯磨损量。以上结果充分说明，腐蚀和磨损的交互作用是主导 60NiTi 合金腐蚀磨损性能的关键因素。下面将着重对腐蚀加速磨损和磨损加速腐蚀机制进行分析。

3.2 腐蚀加速磨损

海水是一种很强的天然电解质，因而金属及其合金在海洋环境中主要表现为电化学腐蚀。NiTi 合金中，Ti 元素在热力学上的活性要强于 Ni 元素[88]，在电化学反应中参与阳极反应，而 Ni 则会作为阴极，不参与反应。在电化学反应中，Ti 会在阳极反应中失去电子，反应如下[36]：

$$Ti + 2H_2O \rightarrow TiO_2 + 4H^+ + 4e^- \tag{3-7}$$

而转移的电子则会与海水中的溶解氧和水发生如下阴极反应而消耗[36]：

E（vs SCE）>-0.7 V 时：

$$O_2 + 2H_2O + 4e^- \rightarrow 4OH^- \tag{3-8}$$

-1.3 V$<$E（vs SCE）>-0.7 V 时：

$$4H^+ + 4e^- \rightarrow 2H_2 \tag{3-9}$$

E（vs SCE）<-1.3 V 时：

$$2H_2O + 4e^- \rightarrow 4OH^- + H_2 \tag{3-10}$$

NiTi 合金优异的耐蚀性主要得益于其表面形成的致密钝化膜[89]，将内表面金属元素与环境介质隔绝，避免活性金属元素与腐蚀介质直接接触，从而显著降低腐蚀反应动力学。

3.2.1 磨痕表面分析

在腐蚀磨损条件下，表面钝化膜会在机械作用下遭受破坏，从而出现去钝化，而从去钝化到实现再钝化的时间段内，活性金属会出现大量溶解，并在合金表面形成腐蚀产物。下面将对腐蚀磨损试验后，60NiTi 磨痕表面的元素分布和化学态进行分析。

图 3-2（a）为铸态 60NiTi 磨痕表面形貌。可以发现，铸态 60NiTi 磨痕表面分布有明显的结块层区，且比较疏松。对磨痕表面进行 EDS 面扫分析，如图 3-2（b）～图 3-2（d）所示。结果发现，结块区主要含有 O 和 Ti 元素，而 Ni 的含量则相对较少，说明黑色结块区主要为剥落的氧化物。氧化物区域 Ni 的含量远低于 Ti 的原因在于 Ti 在热力学上比 Ni 更容易与 O 发生化学反应[88]。此外，在磨痕表面还可以观察到微裂纹，对微裂纹区 EDS 分析表明，微裂纹萌生处的氧原子分数达到 48.63 at.%，而 Ti 含量也达到 24.48 at.%，说明微裂纹主要起源于氧化层。进一步对剥离区的化学组成进行分析发现，剥离区主要含有 Ti 和 Ni 元素，氧含量明显低于微裂纹区，说明此区域氧化物含量非常小。

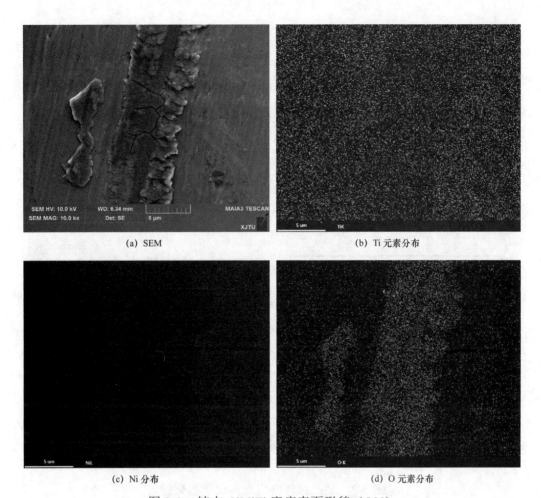

(a) SEM

(b) Ti 元素分布

(c) Ni 分布

(d) O 元素分布

图 3-2　铸态 60NiTi 磨痕表面形貌（5 N）

X 射线光电子能谱（XPS）是基于 X-射线与试样表面间的相互作用，通过光电效应，激发试样表面发射光电子，通过计算得到激发电子的结合能，再根据结合能的差异即化学位移，最终确定表面元素的种类及其化合价，是一种用来表征材料表面元素组成及其化学态的表面分析技术。为进一步研究磨痕区氧化物的化学态，采用 XPS 分析手段，首先对选区表面进行 XPS 全谱分析，确定元素组成，然后对特定元素分别进行 XPS 高分辨扫描，以获取元素化学态，分析结果如图 3-3 所示。

图 3-3（a）为腐蚀磨损试验后铸态磨痕表面氧化层的 XPS 全谱图。可以发现，60NiTi 合金未剥离区表面主要包含 O、Ti 以及 C 元素峰，说明氧化层的主要组成元素为 O 和 Ti，这与 EDS 的分析结果相吻合。下面将着重对 Ti 和 O 元素的化学态进行分析。需要说明的是，高分辨 XPS 峰采用结合能为 284.6 eV 的 C 峰进行校正。

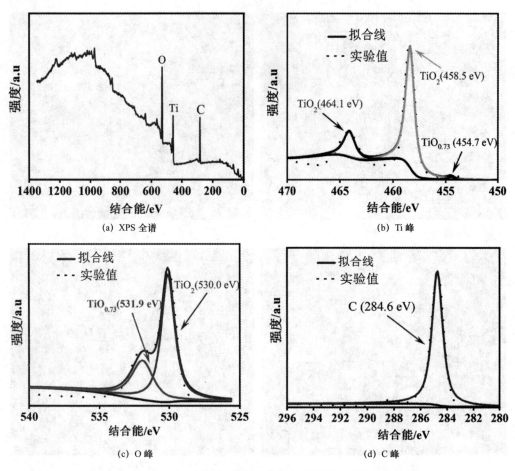

(a) XPS 全谱

(b) Ti 峰

(c) O 峰

(d) C 峰

图 3-3　铸态试样磨痕表面化学态分析

　　图 3-3（b）为 Ti 峰的高斯拟合结果。可以发现，Ti 峰主要由两个主峰构成，其对应的结合能分别为 458.5 eV 和 464.1 eV，峰间结合能差值为 5.6 eV，这与 TiO_2 中 Ti^{4+} 的结合能是一致的[90,91]，表明磨痕表面 Ti 元素主要以 TiO_2 形式存在，这一结果可通过结合能为 530.0 eV 的 O 峰值得到证实[91]。此外，在 O 峰中还发现一个较低强度的亚峰，其峰值对应的结合能为 531.9 eV，同时在 Ti 峰中也观察到一个较弱的峰，其对应的结合能为 454.7 eV，说明磨痕表面氧化层中还有少量的 $TiO_{0.73}$ 存在[91]。图 3-3（d）中的 C 峰用于 Ti 和 O 峰的结合能校正。

　　固溶态 60NiTi 磨痕表面和铸态略有不同，如图 3-4 所示。固溶态表面无明显黑色絮状物聚集区，但仍可观察到表层剥离，且磨痕表面存在较多微裂纹。EDS 分析表明，未剥离区以及裂纹萌生区域均分布有大量的氧，而剥离区的氧则非常少。说明摩擦作用下，含氧化物的表层更容易产生微裂纹。此外，在磨痕区滑动方向上也可以观察到犁沟，但犁沟很浅。这是因为固溶态 60NiTi 中存在纳米级析出相强化，使其在法向载荷下，氮化硅球的硬质微凸体难以嵌入内表层。

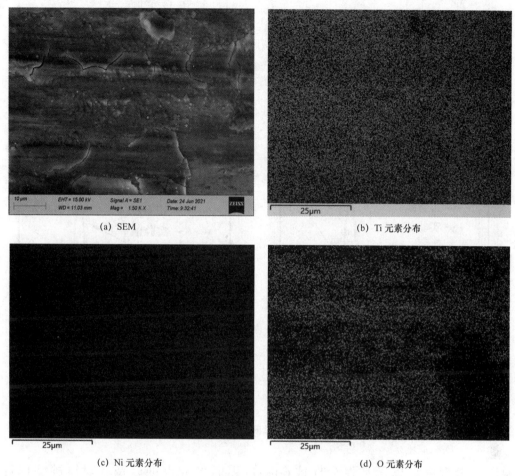

(a) SEM

(b) Ti 元素分布

(c) Ni 元素分布

(d) O 元素分布

图 3-4　固溶态试样磨痕表面选区元素分析（5 N）

图 3-5 为固溶态 60NiTi 在腐蚀磨损试验后，磨痕表面氧化层 XPS 分析。可以发现，固溶态试样磨痕表面的氧化物也主要为二氧化钛，并伴随有少量的钛低价氧化物，这与铸态试样磨痕表面主要元素的化学态是一致的。

海水是一种多离子体系的电解质，因而电化学腐蚀是金属材料腐蚀的主要形式。海水中的氯离子，因其半径小，穿透能力强，往往会优先吸附在奥氏体不锈钢等金属钝化膜上，而且还会排挤钝化膜中的氧原子，并与钝化膜中的阳离子结合形成可溶性盐，使得钝化膜遭到破坏，容易导致裸露在外面的金属表面的腐蚀动力学增加，具体表现为表面出现明显点蚀。

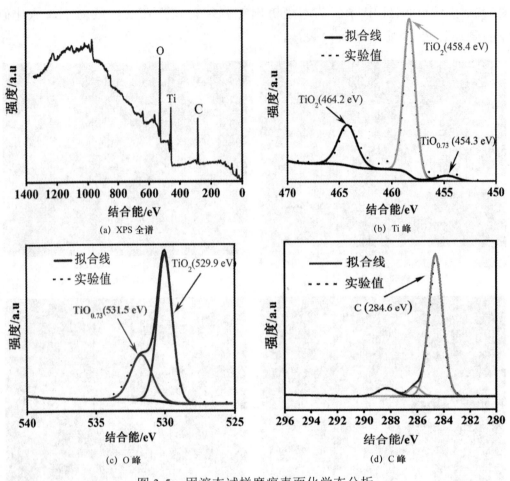

(a) XPS 全谱 (b) Ti 峰 (c) O 峰 (d) C 峰

图 3-5　固溶态试样磨痕表面化学态分析

为进一步探究氯离子是否会导致 60NiTi 表面形成点蚀以及其对腐蚀磨损行为的影响，本部分将对比考察 60NiTi 合金在无氯离子溶液与人工海水中的腐蚀磨损行为。

考虑到合金材料在溶液中的电化学行为与溶液的电导率密切相关，为保证溶液介质的电导率不发生显著变化，按照电荷浓度守恒原则，用 Na_2SO_4 替换人工海水中的氯化物，而人工海水中的其他化学成分保持不变。60NiTi 合金在人工海水和无氯离子溶液中的开路电位-摩擦系数曲线，磨痕轮廓以及磨痕区、非磨痕区的表面形貌如图 3-6 所示。

由图 3-6 可知，60NiTi 合金在人工海水以及不含氯离子溶液中加载和不加载条件下，OCP 曲线及其磨痕轮廓基本一致，说明氯离子的存在基本

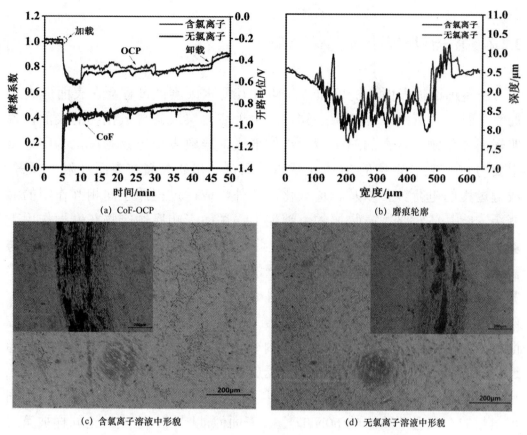

(a) CoF-OCP

(b) 磨痕轮廓

(c) 含氯离子溶液中形貌

(d) 无氯离子溶液中形貌

图 3-6 含氯离子和无氯离子溶液中 60NiTi 的腐蚀磨损行为

不会对 60NiTi 合金的电化学腐蚀性能产生较大影响。氯离子通常会破坏不锈钢表面的钝化膜，而形成局部点蚀。为进一步研究 60NiTi 合金在人工海水中是否有点蚀的存在，图 3-6（c）和图 3-6（d）给出了磨痕区以及非磨痕区的表面形貌图。显然，在静态腐蚀以及腐蚀磨损条件下，60NiTi 合金表面均无明显点蚀的存在。以上结果表明，60NiTi 合金基本不受氯离子的侵蚀，这与文献报道中的结论是相吻合[92,93]。

基于以上分析，可以得出，60NiTi 合金磨痕表面的腐蚀产物为氧化物，主要由 TiO_2 和少量的 $TiO_{0.73}$ 组成。结合第二章的研究结果可知，60NiTi 合金在人工海水中的开路电位 E（vs SCE）＞－0.7 V，因而，电化学阴极反应按照式（3-8）进行。而式（3-7）与式（3-8）中的 H^+ 与 OH^- 结合又会形成水，所以总反应应为 Ti 与 O_2 反应生成 TiO_2。以上结果表明，测试结果与理论分析相吻合。

3.2.2　第一性原理计算

由腐蚀磨损表面分析可知，60NiTi 在海水中磨蚀过程会在表面形成 Ti 的氧化物，且磨痕表面的微裂纹均产生于氧化层或富含氧化物的表面，说明表面氧化物的存在加速了微裂纹的形成，导致表层更易剥离。为印证氧主要与 60NiTi 合金中的 Ti 原子成键，需进一步研究氧在表面吸附、解离、成键过程的电荷转移以及轨道杂化。此外，成键过程原子间相互作用的演变会影响基体对腐蚀产物层的束缚能力，进而影响腐蚀产物在摩擦作用下剥离的难易程度，也需重点关注。因此，在原子尺度上研究 60NiTi 合金与氧接触过程的价键规律以及表面原子的演变过程很有必要。然而，采用实验手段研究原子级的反应过程极为困难。

近年来，基于密度泛函理论的第一性原理计算在研究金属表面特性方面得到了广泛的应用[94-96]，也有国内外学者采用第一性原理模拟计算，通过表面的吸附与化学反应来研究与反应界面相关问题[94,97]，从原子尺度上解释宏观现象。这为本部分研究提供了借鉴思路。文献调研还发现，不同析出相的存在会严重影响 60NiTi 合金表面性能[67,68]，这一结论同样被第二章研究结果所证实。因此，要充分了解 60NiTi 合金与氧作用过程的界面行为，需综合考虑各组成相与氧的作用过程。基于 Ni-Ti 二元平衡相图可知[98]，富镍的 60NiTi 合金在由高温奥氏体相向低温奥氏体相转变的过程中，会形成以 CsCl 型 B2 NiTi 为基体相，并与若干亚稳态和热力学平衡态析出相共存的组织结构。第二章的研究结果证实，在缓慢冷却的铸锭过程，亚稳态的 Ni-Ti 金属间化合物有足够的时间转化成热力学平衡态的 Ni_3Ti 析出相，故铸态 60NiTi 合金试样的组成相主要为 B2 NiTi 基体相和 Ni_3Ti 析出相。经固溶处理后，Ni_3Ti 析出相会大量溶解，在尔后的水淬过程中，Ni_4Ti_3 相会迅速成核，最终导致室温组织中含有大量纳米级 Ni_4Ti_3 析出相，以及少量未溶解的 Ni_3Ti 相。以上分析表明，60NiTi 合金的主要组成相为 NiTi 基体相以及 Ni_3Ti、Ni_4Ti_3 析出相。有鉴于此，本节将通过 CASTEP 软件包，采用基于密度泛函理论的第一性原理计算，从原子尺度考察 60NiTi 合金中 NiTi、Ni_3Ti 以及 Ni_4Ti_3 相在与氧作用过程中的价键规律以及表面原子的演变过程。

宏观物体的运动规律可通过牛顿三定律来描述，而对于微观粒子，如分子、原子以及电子等，由于其存在量子化与波粒二象性，以牛顿三定律为主体的经典力学无法准确地描述其运动规律。为此，物理学家基于若干基本假设，建立了描述微观粒子运动规律的量子力学。固体是材料学研究的主体，而每立方厘米固体中所包含的原子核和电子数高达 10^{23} 数量级，因此，实际研究中所面对的体系主要为多粒子体系。在量子力学中，研究多粒子体系的关键在于精确求解该体系的薛定谔方程[99]：

$$H\Psi(r,R) = E^{H}\Psi(r,R) \tag{3-11}$$

式（3-11）中：H——哈密顿算符；

$\quad\quad\quad\quad\Psi$——体系波函数；

$\quad\quad\quad\quad E$——代表能量/eV；

$\quad\quad\quad\quad r$ 和 R——分别为电子和原子坐标。

然而，精确求解多粒子体系薛定谔方程的波函数是很难实现的，只有对简单的氢原子体系可以得到精确解，对于复杂体系，都需要通过合适的近似方法将多粒子体系转化成单一体系进行求解。

密度泛函理论的基本思路是通过多粒子体系基态粒子数密度来得到其在基态时的所有物理性质，而且在求解单电子问题方面更加严格、精确。故而，在计算物体电子结构以及总能量等方面得到了极其广泛的应用[100]。为与基于 Hartree-Fock 自洽场近似的 ab initio 从头算进行区分，习惯上将以密度泛函理论为基础的从头算称之为第一性原理计算[99]。

密度泛函理论的基本思想主要源于 Thomas H 和 Fermi E 于 1927 年提出的原子、分子和固体的基态物理性质可以用粒子数密度来表示，而其理论基础则是 Hohenberg P 和 Kohn W 在 1964 年提出的关于非均匀电子气理论[100]，即 Hohenberg-Kohn 定理[101]。具体而言：

定理一：不计自旋的全同费米子系统的基态能量是粒子数密度函数 $\rho(r)$ 的唯一泛函。

定理二：能量泛函 $E[\rho]$ 在粒子数不变条件下对正确的粒子数密度函数 $\rho(r)$ 取极小值，并等于基态能量。

定理一阐明了多粒子体系基态物理性质与粒子数密度函数的唯一性关系，而定理二则说明获得基态粒子数密度函数，是确定基态能量的前提。基于 Hohenberg-Kohn 定理，在外势 $v_{ext}(r)$ 作用下，多粒子体系的哈密顿量可表达为[99]：

$$H = -\frac{\hbar^2}{2m} \sum_i \nabla_i^2 + v_{ext} + v_{N-N} + \frac{1}{2} \sum_{i \neq j} \frac{e^2}{|r_i - r_j|} \tag{3-12}$$

式（3-12）中：$\hbar = \frac{h}{2\pi} = 1.054\,5 \times 10^{-34} / (\text{J} \cdot \text{s})$；

    m——电子质量/g；

    ∇_i——对第 i 个粒子坐标微商的梯度算符；

    r——电子坐标。

式（3-12）中第一项为电子动能；第二项为外场作用势，若无其他外场，则表示为原子核对电子的作用；第三项为原子核间相互作用；而第四项为电子间的库伦相互作用能。而对应的能量泛函则可表述为：

$$E[\rho] = T[\rho] + E_{e-e}[\rho] + E_{N-N} + \int v(r)\rho(r)\,\mathrm{d}r \tag{3-13}$$

式（3-13）中：$T[\rho]$——电子动能/eV；

    $E_{e-e}[\rho]$——电子间的相互作用能/eV；

    $\int v(r)\rho(r)\,\mathrm{d}r$——局域势所表示的外场对电子的作用能/eV；

    E_{N-N}——原子核间的排斥能/eV，其取值为：

$$E_{N-N} = \sum_{i<j} \frac{Z_i Z_j}{|R_i - R_j|} \tag{3-14}$$

而 $E_{e-e}[\rho]$ 又包括与无相互作用粒子对应的库伦排斥能和复杂的电子间相互作用，具体表述为：

$$E_{e-e}[\rho] = \frac{1}{2} \iint \frac{\rho(r)\rho(r')}{|r - r'|} + E_{xc}[\rho]\,\mathrm{d}r\mathrm{d}r \tag{3-15}$$

式（3-15）中：$E_{xc}[\rho]$ 称为交换关联相互作用能/eV，同时也是电子数密度 ρ 的泛函。

由式（3-13）～式（3-15）推导过程可知，要想得到体系的能量泛函 $E[\rho]$，进而求得体系基态时的所有物理性质，就不得不解决三个问题：一是确定电子数密度 $\rho(r)$；二是求得动能泛函 $T[\rho]$；最后是确定交换关联能泛函 $E_{xc}[\rho]$。

为解决第一个和第二个问题，Kohn W 和 Sham LJ 在 1965 年提出构想[102]，将未知的有相互作用的电子动能泛函 $T[\rho]$ 用等效且已知的无相互作用电子体系的动能泛函 $T_s[\rho]$ 来代替。而这种构想中，含 N 个电子体系的电子密度可表示为 N 个单子波函数 $\varphi_i(r)$ 的平方和，即：

$$\rho(r) = \sum_{i=1}^{N} |\varphi_i(r)|^2 \qquad\qquad (3\text{-}16)$$

则：

$$T[\rho] = T_s[\rho] = \sum_{i=1}^{N} \int \varphi_i^*(r)\left(-\frac{1}{2}\nabla^2\right)\varphi_i(r)\mathrm{d}r \qquad (3\text{-}17)$$

将能量泛函 $E[\rho]$ 对 $\varphi_i(r)$ 变分，以 E_i 为拉格朗日乘子，变分后为：

$$\left\{-\frac{1}{2}\nabla^2 + V_{KS}[\rho(r)]\right\}\varphi_i(r) = E_i\varphi_i(r) \qquad (3\text{-}18)$$

式（2-18）中：

$$V_{KS}[\rho(r)] = v(r) + V_{coul}[\rho(r)] + V_{xc}[\rho(r)]$$

$$= v(r) + \int \frac{\rho(r^{'})}{|r - r^{'}|} + \frac{\delta E_{xc}[\rho(r)]}{\delta\rho(r)}\,\mathrm{d}r \qquad (3\text{-}19)$$

式（3-19）即为单粒子方程，其中 $V_{KS}[\rho(r)]$ 包括外场势 $v(r)$，库伦排斥势 $V_{coul}[\rho(r)]$ 以及交换关联势 $V_{XC}[\rho(r)]$。而式（3-16）、式（3-18）以及式（3-19）统称为 Kohn-Sham 方程。

在 Kohn-Sham 框架下，多电子体系的复杂相互作用都融入交换关联相互作用泛函 $E_{xc}[\rho]$ 中，与 Hartree-Fock 自洽场近似相比，不仅考虑了电子的交换相互作用，还包含了电子的关联相互作用，因此求解过程更加严格，其结果更精确。然而，要求解 Kohn-Sham 方程，还需要解决如何确定交换关联相互作用泛函 $E_{xc}[\rho]$ 的问题，而体系计算精度也取决于交换关联泛函的精确程度[99]。

常见的求解交换关联相互作用能量泛函的近似方法主要有局域密度近似（Local density approximation，LDA）、广义梯度近似（Generalized gradient aproximation，GGA）、轨道泛函 LDA（GGA+U）以及杂化泛函等。下面对本研究所采用的广义梯度近似做一个简要介绍。

广义梯度近似（GGA）是在局域密度近似基础增加了密度梯度泛函，使交换关联泛函不仅是电子密度的泛函，而且还是密度梯度的泛函 $|\nabla\rho(r)|$，故而：

$$E_{xc}[\rho] = \int \rho(r)\varepsilon_{xc}[\rho(r), |\nabla\rho(r)|]\,\mathrm{d}r \qquad (3\text{-}20)$$

广义梯度近似（GGA）因其在计算结果上具有较高的精度，在材料、化学以及物理等众多领域得到非常广泛的应用。

CASTEP（Cambridge sequential total energy package）是由剑桥大学研究开发的一款基于第一性原理计算材料性能的软件包，其主要特点是计算精度高，且可提供可视化的图形界面，操作便捷。它利用密度泛函理论来模拟计算周期性体系的能量以及电子结构等，从而来分析研究分子与聚合物的价键特性，晶体表面物理化学吸附以及力学性能。CASTEP 实现 DFT 计算时，主要基于：① 电子与离子间相互作用由赝势来描述；② 计算体系采用具有周期性边界的超晶胞；③ 每个 k 点上的电子波函数可以用离散平面波基展开；④ 采用快速傅立叶变换（FFT）来计算哈密顿项；⑤ 采用自洽电子极小化的迭代格式；⑥ DFT 中交换关联泛函中包括筛选和精确交换。可见，CASTEP 是一种基于超晶胞的计算方法，而超单晶胞的形状没有限制。

通过实验所得 X 射线衍射峰所对应标准 PDF 卡（图 2-2）中的晶胞信息，并结合相关参考文献[103]，获取 60NiTi 合金中 B2NiTi、Ni_3Ti 以及 Ni_4Ti_3 金属间化合物的晶体结构，如图 3-7 所示。NiTi 基体相为 CsCl 型 B2 立方晶体结构，如图 3-7（a）所示，空间群为 $Pm\bar{3}m$，晶胞参数为 $a=b=c=3.007$ Å，$\alpha=\beta=\gamma=90$ ℃。晶体单晶胞含有 9 个原子，其中 Ti 原子位于立方体中心位置，八个 Ni 原子位于立方体的八个顶点。稳态 Ni_3Ti 析出相为六方结构，如图 3-7（b）所示，空间群为 $P6_3/mmc$，晶胞参数为 $a=b=5.101$ Å，$c=8.307$ Å，$\alpha=\beta=90$ ℃，$\gamma=120$ ℃。单晶胞共有 35 个原

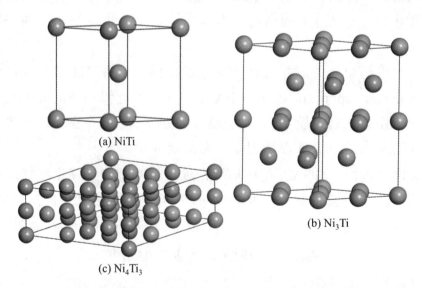

(a) NiTi

(b) Ni_3Ti

(c) Ni_4Ti_3

图 3-7　不同 Ni-Ti 相晶体结构

子，分 5 层平行于 xoy 平面。亚稳态 Ni_4Ti_3 相为菱面体结构，如图 3-7（c）所示，空间群为 $R\overline{3}h$，其晶胞参数为 $a=b=11.240$ Å，$c=5.077$ Å，$\alpha=\beta=90$ ℃，$\gamma=120$ ℃，单晶胞含有 58 个原子。

本节模拟计算皆通过基于密度泛函理论的 CASTEP 软件包来实现[104]。计算均在广义梯度近似（GGA）下，为兼顾高计算精度的同时，有效降低截断能，提高计算效率，采用 PBE 泛函来处理电子间的相互作用交换关联能与势[94]。采用超软赝势来描述价电子与离子核间的相互作用[105]。布里渊区使用 Monkhorst-Pack 方案进行网格划分[106]，自洽计算（SCF）的收敛精度为 1.0×10^{-6} eV/atom。

为保证晶体结构为最稳定状态，需要对其进行几何优化。因而，金属间化合物的晶体结构在切面前均采 BFGS 算法，以能量最小化为原则，进行几何优化，其收敛条件设定为：体系能量低于 1.0×10^{-5} eV/atom，最大力小于 0.03 eV/Å，最大应力低于 0.05 GPa，原子最大偏移小于 0.001 Å。计算过程分别采用 $12 \times 12 \times 12$、$12 \times 12 \times 8$、$12 \times 12 \times 24$ k-point 对 NiTi、Ni_3Ti 以及 Ni_4Ti_3 晶胞进行几何优化和电子结构计算，平面波截断能皆采用 400 eV。吸附为材料的表面行为，计算前需进行切面。计算晶面的选择源于第二章中实验测试所得 X 射线衍射谱（图 2-2）中各组成相最强衍射峰所对应的晶面。故而，几何优化后，对稳定结构的晶胞进行切面，分别选取 NiTi（110）、Ni_3Ti（110）以及 Ni_4Ti_3（410）晶面为研究对象，搭建三层对称平板模型，建立厚度为 15 Å 真空层，并进行再次几何优化，为后续表面性能研究提供稳态计算构型。

基于几何优化后的稳态构型，建立不同氧吸附位点的吸附模型，采用 Monhorst-pack 网格 $5 \times 5 \times 1$ 和平面截断能 571.4 eV，对吸附模型进行优化以及价键规律、电荷转移等的计算，考察不同吸附位点的吸附能，通过计算吸附能确定最佳吸附位点。氧吸附能通过以下公式计算[94]：

$$E_{adsorb} = E_{AM/slab} - (E_{slab} + E_{AM}) \tag{3-21}$$

式（3-21）中：E_{adsorb}——氧分子在模型表面的吸附能/eV；

$\qquad E_{AM/slab}$——氧分子吸附构型的总能量/eV；

$\qquad E_{slab}$——氧分子未吸附时模型的总能量/eV；

$\qquad E_{AM}$——单个吸附分子的能量/eV。

确定氧的最佳吸附位点后，进一步探讨最稳定吸附构型的价键特性、电子结构、电荷密度以及差分电荷密度等，揭示氧与 NiTi、Ni_3Ti 以及 Ni_4Ti_3

金属间化合物相互作用过程中成键、电荷转移以及表面原子的演变过程。

晶体电子结构主要反映电子、轨道或者能级的分布情况，同时也是决定其物理、化学以及力学性能的关键要素之一。为探讨 60NiTi 合金的组成相 B2NiTi、Ni_3Ti 以及 Ni_4Ti_3 金属间化合物的电子结构，图 3-8 给出了各金属间化合物的总态密度以及分波态密度。

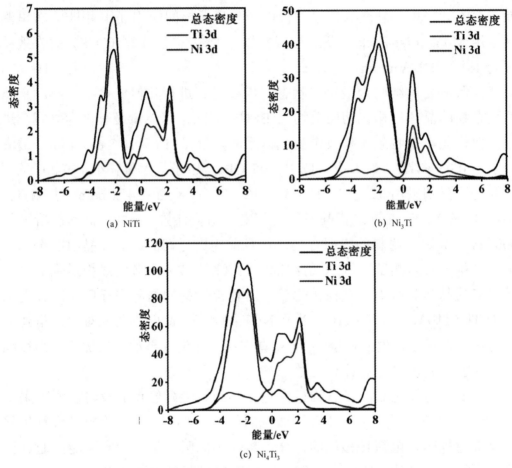

图 3-8　Ni-Ti 金属间化合物的电子结构

由图 3-8 可以看出，NiTi、Ni_3Ti 以及 Ni_4Ti_3 的态密度均跨过了费米面，都表现出明显的金属性。进一步观察发现，三种金属间化合物的态密度图（TDOS）都由两部分组成，能量较低部分态密度由低能能带形成，对应于成键分子轨道。分波态密度图（PDOS）显示，其主要由电负性大的 Ni 原子 3d 原子轨道产生，电负性相对较小的 Ti 原子 3d 原子轨道对成键分子轨道也有部分贡献。而能量较高部分的态密度由高能能带形成，对应于反键分子轨道，主要由电负性较小的 Ti 原子 3d 原子轨道产生，电负性较大的 Ni 原子 3d 原子轨道同样也有部分贡献。Ni 原子轨道和 Ti 原子轨道对成键、反键分子轨道的贡献与先前报道的等原子 NiTi 合金中表现出的电荷转移情况是相一致的[107,108]。也就是说，Ti 原子与 Ni 原子在形成晶体的过程中，由于原子间的相互作用，Ti 原子会发生电子耗散，并将耗散的电子转移给 Ni 原子，这将使得 Ni 原子周围产生了电子集聚，这将最终导致 Ni 的 3d 原子轨道处在低能能带，而 Ti 3d 轨道则处在高能能带。

此外，在 NiTi、Ni_3Ti 以及 Ni_4Ti_3 的态密度图中，能观察到赝能隙的存在，即费米能级两侧相邻 DOS 峰间的间距，且富 Ni 的 Ni_3Ti 和 Ni_4Ti_3 析出相的赝能隙宽度与等原子的 B2 NiTi 相相比，略有增加。赝能隙可以直接反映金属间化合物共价键的强弱，赝能隙越宽，说明共价键越强[109]，由此可知，Ni_3Ti 和 Ni_4Ti_3 析出相中的共价键与 B2 NiTi 相相比，略为增强。与此同时，从富 Ni 的 Ni_3Ti 和 Ni_4Ti_3 析出相的态密度图中还可以发现，相较于等原子的 B2 NiTi 相，Ni_3Ti 和 Ni_4Ti_3 析出相的态密度会向高能方向移动，说明富 Ni 析出相中的反键作用也相对较强。

吸附能是反映吸附结构稳定性的热力学重要指标，同时还可结合原子间距、键角、电荷转移以及键重叠布局分析等，判断吸附过程为物理吸附还是化学吸附。为了确定氧分子在 Ni-Ti 金属间化合物表面的最稳定吸附位点，进一步考察氧分子在最稳定吸附位点时与合金表面的价键规律与电荷转移，本部分内容首先计算氧分子在 Ni-Ti 表面各个吸附位点的吸附能，计算结果如图 3-9 所示。

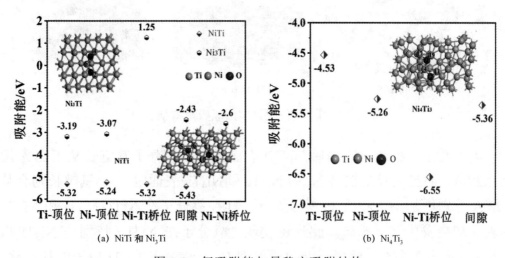

(a) NiTi 和 Ni_3Ti　　　　　　(b) Ni_4Ti_3

图 3-9　氧吸附能与最稳定吸附结构

由图 3-9（a）可知，氧分子在 B2 NiTi 上的吸附能均为负值，表明氧很容易吸附在 B2NiTi 表面[110]。此外，不同吸附位点的吸附能差异很小，且当氧分子处在 Ti 与 Ni 原子形成的四面体间隙时，吸附能最负，说明此吸附位为最稳定吸附位[94]。而对于 Ni$_3$Ti 析出相而言，氧分子在其晶面不同吸附位点的吸附能差别比较明显，甚至当氧分子吸附在 Ti-Ni 桥位时，其吸附能转为正值，这主要是由不同吸附位点周围原子的不同造成的。而且，当氧分子处在 Ni$_3$Ti 的 Ti 原子正上方时，吸附能最负，说明此吸附位为氧分子在 Ni$_3$Ti 表面的最优吸附位。相较于 B2 NiTi 和 Ni$_3$Ti 相，如图 3-9（b）所示，尽管氧分子在 Ni$_4$Ti$_3$ 表面不同吸附位点的吸附能均为负值，但其吸附能随吸附位点的改变会发生较大的波动，说明氧分子在 Ni$_4$Ti$_3$ 表面上表现出更加明显的择优吸附。而且，当氧分子吸附在 Ni-Ti 桥位时，吸附结构的吸附能最负，表明氧在 Ni$_4$Ti$_3$ 表面的 Ni-Ti 桥位吸附时最稳定。下面将对氧吸附在 B2 NiTi、Ni$_3$Ti 以及 Ni$_4$Ti$_3$ 表面最稳定吸附位时的吸附构型做进一步分析，其结果如图 3-10 所示。

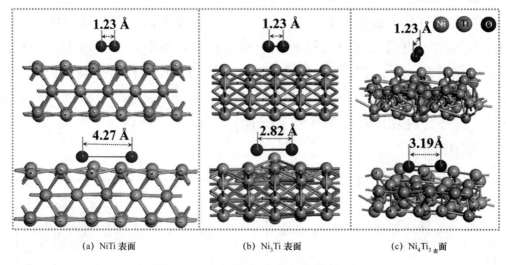

（a）NiTi 表面　　　　　　　（b）Ni$_3$Ti 表面　　　　　　　（c）Ni$_4$Ti$_3$ 表面

图 3-10　几何优化前后氧吸附构型

可以看出，经几何优化后，NiTi 表面吸附的氧分子其键长从 1.23 Å 增至 4.27 Å，而当氧吸附在富 Ni 的 Ni$_3$Ti 和 Ni$_4$Ti$_3$ 表面时，氧-氧键长则会从 1.23 Å 分别增加至 2.82 Å 和 3.19 Å。这表明，氧分子在 NiTi、Ni$_3$Ti 和 Ni$_4$Ti$_3$ 相表面均会发生化学解离。此外还发现，氧分子在 NiTi（特别是 Ni$_3$Ti 析出相）表面发生吸附、解离以及化学解离时，会使表面的 Ti 原子向外迁移，这将导致内部原子对 Ti 原子的束缚能力降低，进而弱化氧化物与基体间的结合力。

为进一步探究解离的氧原子与 NiTi、Ni_3Ti 和 Ni_4Ti_3 相表面间的成键规律，表 3-1 给出了最稳定氧吸附构型中原子间的键长及重叠布局数。键重叠布局数主要反映原子间的成键与反键作用。一般而言，键重叠布局数为正值，则表示原子间是成键的，且正值越大，原子间成键作用越强；反之，如果原子间键布局数为负值，则表示原子间存在的是反键作用[111]。此外，键重叠布局数还是判定原子间价键类型的标准，重叠布局数为零，说明原子间为完全的离子键，大于零则表示原子间为共价键，且值越大，共价键越强[112]。

表 3-1　原子间距与最稳定结构的重叠布局分析

晶面	构型	键	键长/Å	重叠布局
NiTi	O_2 分子	O-O	1.23	—
	未吸附 NiTi	Ni-Ti	2.62	—
	四面体间隙	Ti_{12}-Ni_{10}	2.66	-0.02
		Ti_5-Ni_6	2.68	-0.04
		Ti_{11}-Ni_{10}	2.53	0.29
		Ti_6-Ni_6	2.49	0.37
		O_1-O_2	4.27	—
		O_1-Ti_{12}	1.86	0.40
		O_1-Ti_{11}	1.89	0.39
		O_2-Ti_6	1.86	0.40
		O_2-Ti_5	1.89	0.39
Ni_3Ti	O_2 分子	O-O	1.23	—
	未吸附 Ni_3Ti	Ni-Ti	2.52	—
	Ti 顶位	Ti_2-Ni_{18}	2.64	0.22
		Ti_4-Ni_{18}	2.64	0.22
		O_1-O_2	2.82	—
		O_2-Ti_6	1.82	0.45
		O_2-Ti_4	1.85	0.51
		O_1-Ti_6	1.82	0.45
		O_1-Ti_2	1.85	0.51

晶面	构型	键	键长/Å	重叠布局
Ni$_4$Ti$_3$	O$_2$ 分子	O-O	1.23	—
	未吸附 Ni$_4$Ti$_3$	Ni-Ti	2.56	—
	Ni-Ti 桥位	Ti$_4$-Ni$_{11}$	2.68	0.04
		O$_1$-O$_2$	3.19	—
		O$_1$-Ti$_4$	1.87	0.38
		O$_2$-Ti$_4$	1.89	0.35
		O$_2$-Ti$_7$	1.89	0.44
		O$_1$-Ti$_{19}$	1.93	0.42

注：表中原子下标代表计算模型中第一层对应原子的名称，如图 3-9 所示。

由表 3-1 可以看出，在氧分子吸附前，NiTi 表面的 Ni-Ti 键长为 2.62 Å，这与已有文献报道中的 Ni-Ti 键长基本一致[110]，说明本节第一性原理计算中所采用的计算方法及参数设置是合理的。当氧分子吸附在 NiTi 表面的最稳定吸附位后，Ti$_{12}$-Ni$_{10}$ 和 Ti$_5$-Ni$_6$ 原子键长由 2.62 Å 分别增加至 2.66 Å 和 2.68 Å，但 Ti$_{11}$-Ni$_{10}$ 和 Ti$_6$-Ni$_6$ 键长却分别减少至 2.53 Å 和 2.49 Å。以上结果表明，氧分子的吸附会导致周围 Ti 和 Ni 原子的重构。此外，吸附的氧分子键长也由 1.23 Å 激增至 4.24 Å，说明吸附的氧分子已被完全解离。随后，被解离的氧原子被周围的 Ti 原子捕获，进而形成键长分别为 1.86/1.89 Å 的 Ti-O 键，这与金红石 TiO$_2$ 中的 Ti-O（1.92 Å）键长非常接近[110]。而且还发现，Ti-O 键重叠布居数分别为 0.4，这说明解离的氧原子与 Ti 间形成了较强的共价键。由此可得出，氧分子与 NiTi 合金表面吸附时会进一步解离并与表面 Ti 原子成键最终形成二氧化钛。

而当氧分子吸附在 Ni$_3$Ti 表面最优吸附位时，可以发现，吸附的氧分子可使吸附位周围的 Ni-Ti 键长由 2.52 Å 增加到 2.64 Å，键伸长率可达 4.7%，高于氧分子吸附在 NiTi 表面时 Ni-Ti 键的伸长率（2.3%）。由此可见，Ni$_3$Ti 表面的 Ti 原子相较于 NiTi 基体相，在氧化过程中更容易向外迁移。此外，吸附氧分子中的 O-O 键在几何优化过程中同样会被拉长（由 1.23 Å 增加至 2.82 Å），可见，尽管 Ni$_3$Ti 对氧分子的解离能力不如 NiTi，但仍可使其发生化学解离。解离的氧原子会与表面的 Ti 原子结合，形成键长为 1.82/1.85 Å 的 Ti-O 键。

氧分子在 Ni$_4$Ti$_3$ 表面的吸附、解离以及成键过程与其在 NiTi 表面情况类似。吸附的氧分子在几何优化过程中，同样会导致 Ni_4Ti_3 表面 Ti、Ni 原子的重构，其 O-O 键也会被拉长至 3.19 Å，进而完全解离成孤立的氧原子，随后被表面的 Ti 原子捕获，形成键长为 1.87-1.93 Å 的 Ti-O 共价键，其键长和键重叠布局数与解离的氧原子在 NiTi 表面形成的 Ti-O 非常接近。综上所述，可以发现，尽管 NiTi、Ni_3Ti 和 Ni_4Ti_3 对氧分子的解离能力存在差异，但都可将氧分子解离成孤立原子，并与表面原子结合形成较强的 O-Ti 共价键。

为获取吸附与解离过程中氧分子与表面原子间的价电子迁移的信息，对氧分子与 NiTi、Ni_3Ti 和 Ni_4Ti_3 表面相互作用时电荷密度和差分电荷密度进行了分析，其结果如图 3-11、图 3-12 和图 3-13 所示。

由图 3-11（a）的电荷密度图可以看出，O 原子与相邻 Ti 原子间最小电荷密度均大于基底电荷密度，进一步确认了 O 原子与 Ti 原子间的共价键作用[113]。而且还发现，沿 Ti-O 方向电荷重叠部分的电荷密度远大于沿 Ni-O 方向电荷重叠部分的电荷密度，也说明解离的 O 原子主要与 Ti 原子成键。以上结论与键重叠布局分析结果非常吻合。图 3-11（b）的三维差分电荷密度图显示，解离的氧原子周围出现了电子聚集，而临近氧原子的 Ti 原子则表现出电子耗散。显然，氧吸附引起了表面电子的重新分布。为了研究沿 Ti-O 和 Ni-O 方向的电子重构情况，图 3-11（c）给出了 Ti-O-Ni 平面的二维差分电荷密度。很明显，被解离氧原子周围的电子密度分布是各向异性的，而且在 Ti 原子与 O 原子间出现了电子集聚，说明 Ti 原子与氧原子间存在共用电子，Ti-O 键为极性共价键[114]。然而，Ni 原子与 O 原子间却表现出电子耗散，这反映了 Ni-O 间弱的相互作用[115]。

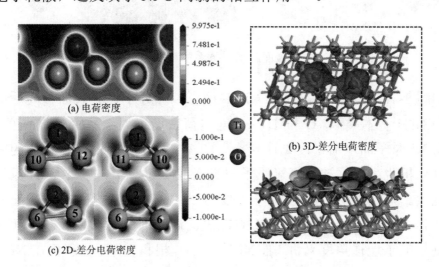

图 3-11　O_2 在 NiTi 表面解离后体系的电荷密度与差分电荷密度

当氧分子在 Ni_3Ti 表面最优吸附位发生吸附与解离时，由图 3-12（a）可以发现，O 原子与相邻 Ti 原子间电荷密度远大于基底电荷密度，但 O 原子与 Ni 原子间电荷密度却与基底相当。而从图 3-12（b）的差分电荷密度图中也可以发现，电子耗散主要出现在 Ti 原子周围，而 Ni 原子附近未见明显的电子耗散。这些结果表明，氧分子在 Ni_3Ti 表面解离而形成的氧原子不能与临近 Ni 原子成键。此外，从图 3-12（c）中，我们还可以发现，Ti_6 与 O_1、O_2 原子间均存在电子耗散，但 Ti_2 与 O_1、Ti_4 与 O_2 原子间却未发现有电子耗散的存在。很显然，O 原子与不同 Ti 原子间的键合力也存在差异。综合以上电荷密度和差分电荷密度分析，可以得出，被解离的氧原子在与 Ni_3Ti 表面形成化学键的过程中，临近 Ti 原子作为电子供体，发生电子迁移，被 O 原子捕获后形成 Ti-O 共价键。

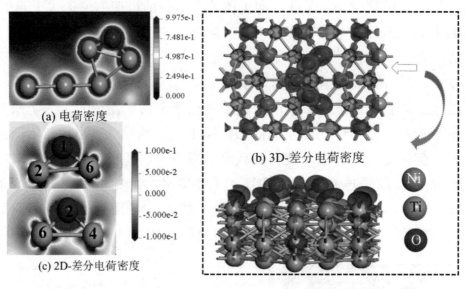

图 3-12　O_2 在 Ni_3Ti 表面解离后体系的电荷密度与差分电荷密度

如图 3-13（a）所示，对于 Ni_4Ti_3 而言，氧分子在其表面解离后电荷密度图与 NiTi 基本类似。O 与 Ti 原子间电荷密度远大于基底电荷密度，而 O 原子与 Ni 原子间电荷密度则比较小。图 3-13（b）和图 3-13（c）的差分电荷密度分析也表明，被解离氧原子与表面成键过程中，主要是 Ti 原子发生电子耗散。显然，解离的 O 原子主要与 Ti 原子成键，且 Ti 与 O 间的键合作用较强，这一结论与氧分子在 NiTi 表面解离时是一致的。由此可得出，从成键与电子迁移角度来讲，富 Ni 的 Ni_4Ti_3 相和 Ni_3Ti 稳态相在 NiTi 基体上析出，不会对其与氧的成键过程造成明显影响。

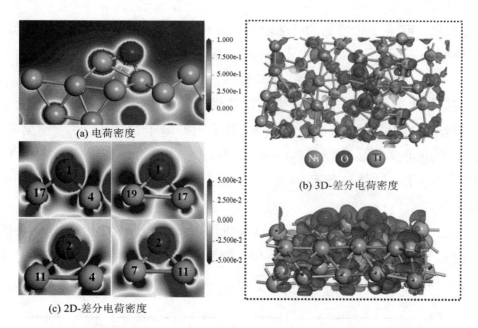

(a) 电荷密度

(b) 3D-差分电荷密度

(c) 2D-差分电荷密度

图 3-13 O$_2$ 在 Ni$_4$Ti$_3$ 表面解离后体系的电荷密度与差分电荷密度

考虑到差分电荷密度分析不能定量地给出体系在吸附与解离过程中电荷的转移情况，下面对氧分子吸附前后体系的 Hirshfeld 电荷和 Mulliken 电荷进行了分析，其结果见表 3-2。需要说明的是，总电荷变化量（Q）是相应体系中相同原子电荷改变量的总和，而 ΔQ 可以通过 $\Delta Q = Q_{氧吸附后} - Q_{氧吸附前}$ 来计算。

表 3-2 Hirshfeld 电荷和 Mulliken 电荷分析

构型	Hirshfeld 电荷			Mulliken 电荷		
	Q（Ti）/C	Q（Ni）/C	Q（O）/C	Q（Ti）/C	Q（Ni）/C	Q（O）/C
未吸附 O$_2$/NiTi	+2.04	-2.08	—	+7.12	-7.16	—
	+2.33	-1.78	-0.54	+8.05	-6.81	-1.26
	$\Delta Q = +0.29$	$\Delta Q = +0.30$	—	$\Delta Q = +0.93$	$\Delta Q = +0.35$	—
未吸附 O$_2$/Ni$_3$Ti	+1.68	-1.66	—	+6.28	-6.30	—
	+1.92	-1.28	-0.64	+6.48	-5.29	-1.20
	$\Delta Q = +0.24$	$\Delta Q = +0.38$	—	$\Delta Q = +0.20$	$\Delta Q = +1.01$	—
未吸附 O$_2$/Ni$_4$Ti$_3$	+4.06	-4.06	—	+9.24	-9.33	—
	+4.44	-3.87	-0.55	+10.59	-9.30	-1.28
	$\Delta Q = +0.38$	$\Delta Q = +0.19$	—	$\Delta Q = +1.35$	$\Delta Q = +0.03$	—

由表 3-2 可知，在氧吸附前，Ti 原子的总电荷变化量（Q）为正，而

Ni 原子的总电荷变化量为负，这表明，在未吸附氧时，电子供体为 Ti 原子，而受体则为 Ni 原子，这是由于 Ni 原子的电负性（即吸引电子的能力）强于 Ti 原子。当氧在表面发生吸附与解离后，被解离的氧原子进一步与表面原子成键，此过程会从 Ti 原子中获取成键电子，这一方面会引起 Ti 原子电子耗散量增加，另一方面也会导致 Ni 原子所得电子量减少。以上结果表明，O 原子的电负性要显著强于 Ni 原子，在成键过程中，会更容易捕获 Ti 原子提供的电子，这将导致表面 Ni、Ti 原子间的成键电子减少，原子间作用力减弱。

为进一步研究 O_2 吸附、解离以及成键对体系电子结构的影响，并阐明成键时原子轨道杂化过程，图 3-14 给出了氧分子吸附前后体系的态密度（DOS）和分波态密度（PDOS）图。

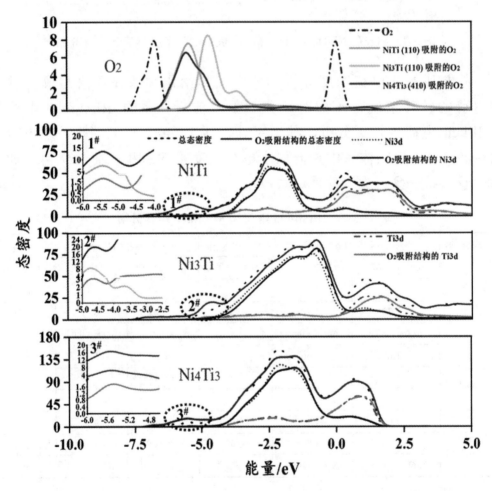

图 3-14　氧分子吸附前后体系的态密度（DOS）和分波态密度（PDOS）

由氧分子的态密度（DOS）可以看出，孤立氧分子在能量为 –6.7 eV 和费米能级（$E=0$ eV）附近分别存在一个强峰。而吸附在 NiTi、Ni$_3$Ti 和 Ni$_4$Ti$_3$ 表面的氧分子，其态密度在费米能级附近的峰消失，与此同时，能量为 –6.7 eV 附近的峰会向右迁移并且峰的形状发生了畸变。很显然，吸附的氧分子已经被彻底解离。对于 O$_2$/NiTi 吸附体系，我们可以发现，吸附 O$_2$ 的存在会引起体系在费米能级右侧附近的总态密度（TDOS）曲线发生畸变，由分波态密度可知，这是由于 Ti 3d 轨道的畸变引起的。而且，体系 TDOS 在能量为 –5.4 eV 附近还观察到一个新峰，通过选区局部放大图可知，新峰的形成主要归因于 Ti 3d 轨道与 O 2p 轨道的杂化作用。此外，从局部放大图中还可以发现，Ti 3d 和 O 2p 轨道出现了明显的共振，进一步证实了 Ti 与 O 原子间强的成键作用。对于 O$_2$/Ni$_3$Ti 吸附体系而言，其总态密度的变化与 O$_2$/NiTi 吸附体系基本类似。Ti 3d 轨道在氧吸附、解离以及成键过程中产生的畸变会引发体系在费米能级右侧总态密度曲线的畸变。Ti 3d 轨道与 O 2p 轨道间的杂化会促使体系产生新的态密度峰。然而，O$_2$/Ni$_4$Ti$_3$ 吸附体系态密度的变化与前两者存在一定差别。在 O$_2$/Ni$_4$Ti$_3$ 吸附体系中，总态密度曲线的畸变出现在费米能级左侧，由分波态密度中可以明显看出，这是由于 Ni 3d 轨道的畸变引起的。但新态密度峰的产生仍然是由 Ti 3d 与 O 2p 间的轨道杂化引起的。

通过对氧分子在 60NiTi 合金的不同组成相表面吸附、解离以及成键过程的研究，可以得出，吸附的氧主要与 60NiTi 合金中的 Ti 原子成键，形成 Ti 的氧化物，这与 XPS 的实验分析结果（图 3-3、图 3-5）相吻合。而且还发现，氧分子在其表面吸附、解离以及成键的过程中，会捕获原表面 Ni、Ti 原子间的部分成键电子，造成表面原子间成键电子减少，原子间相互作用减弱；另一方面，成键过程中 Ti 原子会向外迁移，导致内层原子对氧化层的束缚力较弱。

3.2.3 磨痕截面分析

为进一步研究腐蚀产物层的截面形貌，采用聚焦离子束（FIB）对铸态和固溶态 60NiTi 在腐蚀磨损试验后，磨痕表面未剥离腐蚀产物层进行切割，并通过场发射扫描电镜（SEM）获取截面形貌，结果如图 3-15、图 3-16 所示。由图 3-15（a）和图 3-15（b）可知，未剥离腐蚀产物层表面 O 元素分布均匀，说明合金表面腐蚀产物呈均匀分布，其厚度约为 770.4 nm，且表面和截面均存在微裂纹。产物层以下基体截面光滑，未见明显选择性晶界腐蚀迹象。

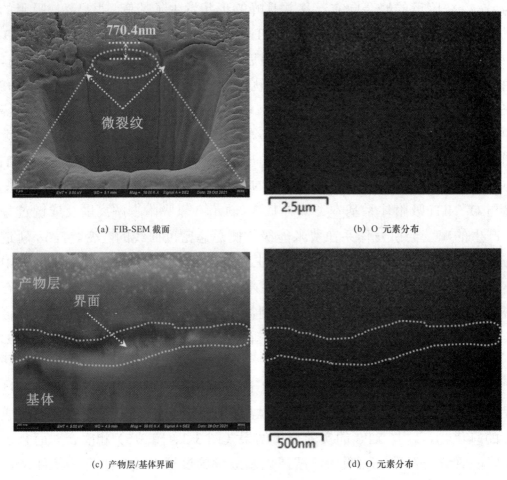

(a) FIB-SEM 截面

(b) O 元素分布

(c) 产物层/基体界面

(d) O 元素分布

图 3-15　铸态 60NiTi 产物层 FIB-SEM 截面形貌与氧渗透深度

如图 3-15（c）所示，腐蚀产物层与基本间存在明显界面，且产物层截面氧分布均匀，界面区氧含量相对较小。产物层以及界面附近基体截面未见选择性晶界腐蚀迹象。图 3-16（a）中固溶态试样腐蚀产物层厚度（约 517.6 nm）略小于铸态试样，产物层表面和截面氧分布均匀。如图 3-16（c）所示，腐蚀产物层与基体界面处，也未观察到选择性腐蚀。

结合以上实验表征与模拟计算分析，得出以下腐蚀加速磨损机理，如图 3-17 所示。在腐蚀磨损条件下，60NiTi 表面的钝化薄膜被摩擦作用去除，发生去钝化，显著增加了腐蚀反应动力学。而从去钝化到实现完全再钝化

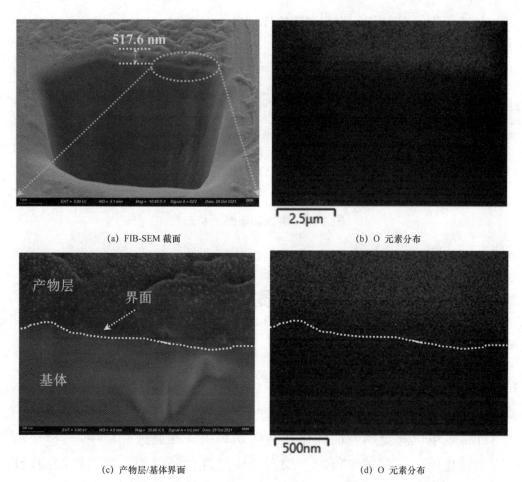

(a) FIB-SEM 截面　　　　　　　　　　　(b) O 元素分布

(c) 产物层/基体界面　　　　　　　　　　(d) O 元素分布

图 3-16　固溶态 60NiTi 产物层 FIB-SEM 截面形貌与氧渗透深度

的时间段内，60NiTi 中的活性金属元素 Ti 会发生阳极腐蚀反应过程，并最终在表面形成氧化层腐蚀产物。而氧化层与基体间的结合力弱与合金表面原子间的结合力，这一方面是因为氧在其表面吸附、解离以及成键过程中，会捕获原表面 Ni、Ti 原子间部分成键电子，造成表面原子间成键电子减少；另一方面是由于氧化过程中，Ti 原子会向外迁移，导致内层原子对氧化层的束缚力较弱。这将导致氧化层在摩擦作用下更容易产生微裂纹，进而扩展、剥离去除。

　　而氧化层的剥离，又会加速 60NiTi 合金中活性金属的溶解，并再次形成氧化层。氧化层在摩擦作用下，剥离与再生的交替演变，导致了严重的腐蚀加速磨损。此外，剥离的氧化物很难溶解在电解质溶液中，因而会以磨屑的形式存在，引发磨粒磨损。而且，有研究表明[116]，氧化物磨屑还有可能存在于接触副之间，形成三体磨损。

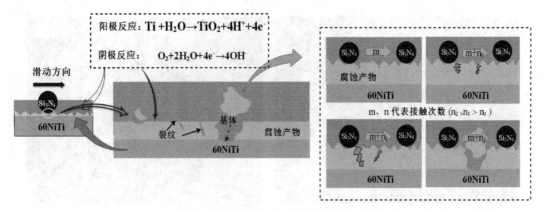

图 3-17　腐蚀加速磨损机理

3.3　磨损加速腐蚀

3.3.1　自腐蚀电位

自腐蚀电位和金属表面钝化状态密切相关。在腐蚀介质中，当合金表面完全钝化时，自腐蚀电位处于稳态；一旦钝化膜破裂，则腐蚀加剧，自腐蚀电位随之向负方向偏移。图 3-18 为 60NiTi 在腐蚀磨损过程中不同阶段自腐蚀电位随测试时间变化曲线。

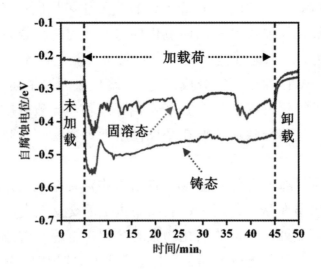

图 3-18　自腐蚀电位随时间变化曲线（5 N）

加载前，60NiTi 表面生成了钝化膜保护层，因而自腐蚀电位处于稳态。当加载时，自腐蚀电位急剧负移，表明钝化膜已被破坏。随后，自腐蚀电位正移说明表面出现了部分再钝化，直到自腐蚀电位趋于稳定，此时去钝化与再钝化基本达到了动态平衡。当卸载后，去钝化作用消失，表面将持续再钝化，自腐蚀电位向正向迁移。以上分析说明，在腐蚀磨损条件下，合金表面存在去钝化-再钝化-去钝化的交替演变。

功函数是将电子从固体中转移到紧邻固体表面的真空点时所需的最小热力学功（即能量），主要反映电子从固体表面逸出的难易程度[117]，是描述材料表面特性的关键物理量[118]。近年来，有研究表明，自腐蚀电位正移是由于参加腐蚀反应的价电子活性降低[119]，因而材料固有耐蚀性与其表面功函数密切相关。John 等[120]提出，自腐蚀电位（φ）与电子功函数（Φ）间的关系可表示为：

$$\phi = \varphi - \Delta\varphi_{m/s} \tag{3-22}$$

式（3-22）中：$\Delta\varphi m/s$——金属与溶液间接触电位差/V。对于同种金属/溶液体系，$\Delta\varphi m/s$ 为常数。因此，自腐蚀电位与电子功函数间存在正相关线性关系。

考虑到合金表面钝化以及去钝化过程会分别与 O_2 和 H_2O 分子接触，下面将采用基于密度泛函理论的第一性原理从原子尺度考察 60NiTi 合金中各组成相在钝化以及与水溶液接触过程中的功函数演变，以期与图 3-18 中自腐蚀电位的演变趋势相互印证。计算结果如图 3-19 所示。

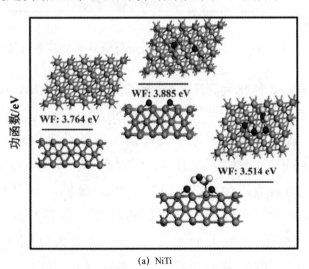

(a) NiTi

图 3-19 O_2 和 H_2O 在 NiTi 表面吸附后的功函数

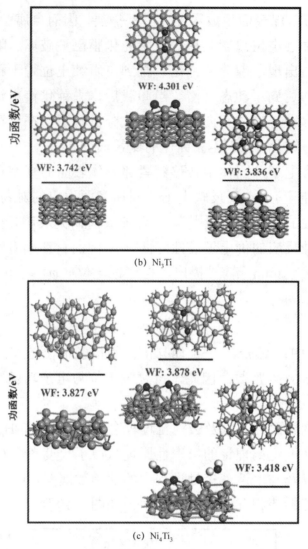

(b) Ni$_3$Ti

(c) Ni$_4$Ti$_3$

图 3-19　O$_2$ 和 H$_2$O 在 NiTi 表面吸附后的功函数（续）

由图 3-19 可知，钝化前，NiTi 表面的功函数为 3.764 eV，略大于 Ni$_3$Ti 表面的功函数（3.742 eV），但要明显低于 Ni$_4$Ti$_3$ 表面的功函数（3.827 eV）。当氧发生吸附、解离并与表面原子成键后（即钝化），O$_2$/NiTi 体系表面的功函数变为 3.885 eV，增加了 3.21%。而对于 Ni$_3$Ti 和 Ni$_4$Ti$_3$ 体系而言，氧成键也会导致其功函数增加 14.94% 和 1.33%。显然，不同 NiTi 相表面与氧成键后，均会增加其表面电子向外迁移的难度。当 H$_2$O 进一步与氧吸附体系发生相互作用时，但相较于 H$_2$O 吸附前，功函数分别下降了约 9.55%、10.81% 和 11.86%。由此可知，60NiTi 中基体和析出相表面与氧成键时（即钝化），功函数增大，耐蚀性增强。但当与 H$_2$O 接触时，即钝化膜破裂或者未完全钝化，各组成相的功函数显著降低。以上功函数的演变过程与图 3-18 中自腐蚀电位演变趋势一致，证实了磨蚀过程中耐腐蚀下降由钝化膜破裂导致金属与溶液接触造成的。

3.3.2 电化学阻抗

电化学阻抗是以小振幅正弦波电位或电流为扰动信号，测定研究体系响应，并利用响应信号分析体系电化学性质的测量技术，是研究体系电极反应过程动力学以及电极表面状态的重要手段。为考察磨蚀过程对腐蚀反应动力学的影响，图 3-20 给出了 60NiTi 在海水介质中腐蚀磨损试验前中后电化学体系的阻抗谱。

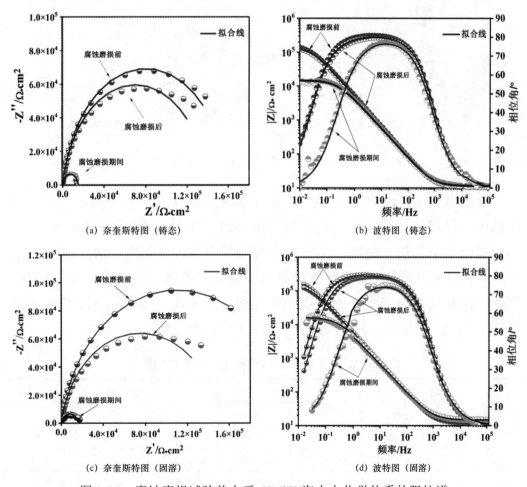

(a) 奈奎斯特图（铸态）　　　　　(b) 波特图（铸态）

(c) 奈奎斯特图（固溶）　　　　　(d) 波特图（固溶）

图 3-20　腐蚀磨损试验前中后 60NiTi/海水电化学体系的阻抗谱

图 3-20（a）和图 3-20（c）分别为铸态和固溶态 60NiTi 在海水介质中腐蚀磨损前中后电化学体系的奈奎斯特图。可以看出，在腐蚀磨损试验前，奈奎斯特图为半圆形，且图 3-20（b）和图 3-20（d）中的波特图只有一个峰。这表明，60NiTi/海水电化学体系只有一个时间常数[34]，对应于表面自发形成的氧化膜[121]。在腐蚀磨损试验期间，电化学体系的奈奎斯特图半径以及波特图中低频区的|Z|值均显著减小，说明表面磨损使得电荷转移电阻减小，耐腐蚀性下降。为定量表征电化学体系各参数在磨蚀过程的变化，利用 ZSimpWin 软件，对阻抗谱数据进行拟合，获取合理的等效电路图，如图 3-21 所示。

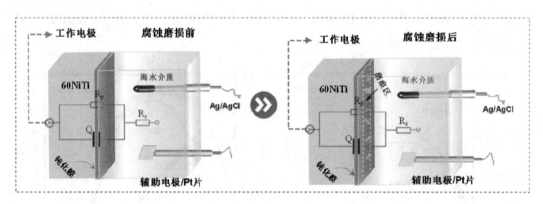

图 3-21　阻抗谱拟合所得等效电路图

等效电路中，Q 代表与钝化表面电容相关的常相位角元件[34]，在一定体系中，界面电容的变化反映了腐蚀金属表面状态的变化[122]。R_s 和 R_p 分别为溶液电阻和极化电阻，且在一定腐蚀体系中，极化电阻 R_p 与腐蚀电流密度 I_{corr} 成反比[122]。基于等效电路所得电化学参数见表 3-3，其中 n 用来描述溶液介质与电极界面电双层相对纯电容的偏离。当 $n=1$ 时，常相位角元件 Q 为纯电容；$n=0$ 时，常相位角元件 Q 为纯电阻。

表 3-3　腐蚀磨损前后等效电路中各参数的数值

	铸态			固溶态		
	前	中	后	前	中	后
$R_s/(\Omega \cdot cm^2)$	10.06	12.59	10.24	13.06	14.5	12.00
$Q/(\Omega^{-1} \cdot cm^{-2} \cdot s^n)$	2.89×10^{-5}	3.68×10^{-5}	3.02×10^{-5}	3.18×10^{-5}	4.62×10^{-5}	3.24×10^{-5}
n	0.91	0.88	0.90	0.91	0.86	0.90
$R_p/(\Omega \cdot cm^2)$	1.60×10^5	1.59×10^4	1.40×10^5	2.21×10^5	1.63×10^4	1.50×10^5

可以看出，腐蚀磨损前，铸态和固溶态试样的 n 值均为 0.91，接近 1，说明界面电双层为一个非理想的电容。固溶态试样的极化电阻 R_p 大于铸态试样，也就是说固溶态试样的腐蚀电流密度小于铸态，表明固溶态试样的耐蚀性优于铸态试样。在腐蚀磨损试验期间，两种试样的极化电阻 R_p 均降低一个数量级，表明机械摩擦作用显著增加了腐蚀反应动力学，进一步证实摩擦作用导致了合金表面钝化保护层的破裂。与此同时，铸态和固溶态试样 Q 增大，这可能与电极表面生成的疏松多孔腐蚀产物有关。腐蚀磨损试验停止后，两种试样的极化电阻 R_p 均恢复到接近腐蚀磨损试验前水平，表明被破坏的钝化膜在消除摩擦作用的情况下基本可以实现再钝化。

综合以上分析，可以得出以下磨损加速腐蚀机理，如图 3-22 所示。在人工海水中浸泡阶段，60NiTi 合金表面会形成稳定的钝化膜。当施加法向载荷时，氮化硅表面的硬质微凸体会嵌入较软的 60NiTi 合金表面，在切向力作用下，微凸体会在钝化膜表面滑动，而导致钝化膜破裂，发生去钝化效应。而从去钝化到实现完全再钝化的时间段内，60NiTi 合金新鲜表面会暴露在腐蚀介质中，此时会发生活性金属快速溶解的腐蚀反应，直至完成再钝化。而再钝化膜在下次接触时，又会被去除，导致去钝化。显然，磨损加速腐蚀主要发生在去钝化到实现再钝化的时间段内，而钝化膜的再生速率是影响磨损加速腐蚀的关键。

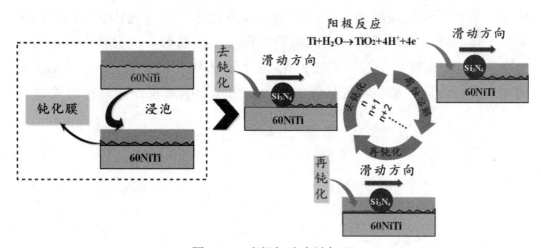

图 3-22　磨损加速腐蚀机理

3.4　本章小结

本章考察了 60NiTi 合金在海水介质中腐蚀磨损工况下的腐蚀与磨损交互作用，并结合第一性原理计算，探讨了腐蚀加速磨损以及磨损加速腐蚀演变机制。结论如下：

（1）60NiTi 合金在海水介质中腐蚀磨损工况下存在明显的腐蚀加速磨损和磨损加速腐蚀效应，且腐蚀和磨损的交互作用是影响其抗腐蚀磨损能力的关键。磨痕表面的腐蚀产物主要为氧化物，且磨痕区的微裂纹均产生于氧化层或富含氧化物的表面。

（2）腐蚀加速磨损机理主要为：摩擦去钝化导致腐蚀速率显著增加，形成腐蚀产物覆盖在合金表面。腐蚀产物与基体间的结合力弱于合金表面原子间的结合力，导致腐蚀产物表面在摩擦作用下更容易形成微裂纹，进而剥离去除。而腐蚀产物层的剥离，又会加速 60NiTi 合金中活性金属的溶解，并再次形成腐蚀产物层。腐蚀产物在摩擦作用下，剥离与再生的交替演变，导致了严重的腐蚀加速磨损。此外，产生的氧化磨屑无法溶解，还会引发磨粒磨损。

（3）法向载荷作用下，60NiTi 表面存在去钝化-再钝化-去钝化的交替演变。磨损加速腐蚀机理为：摩擦去钝化导致合金新鲜表面暴露在腐蚀介质中，增加了腐蚀反应动力学，直至完成再钝化。从去钝化到实现再钝化需要一定时间，且再钝化形成的保护层在下次接触时，又会被去除，再次出现去钝化。腐蚀磨损过程的去钝化-再钝化-去钝化的交替出现，造成了磨损加速腐蚀效应。显然，钝化膜的再生能力是影响磨损加速腐蚀的关键。

4 TiO$_2$-HfO$_2$复合钝化作用对 60NiTi 腐蚀磨损行为的影响

在腐蚀磨损条件下，腐蚀和磨损的交互作用是影响其腐蚀磨损性能的关键。而磨损加速腐蚀主要由于磨蚀过程的去钝化-再钝化-去钝化的交替演变期间，从去钝化到实现再钝化的时间段内，腐蚀动力学显著增加所致。因而，改善 60NiTi 合金的钝化能力，是提升其抗腐蚀磨损能力的可行途径之一。

铪（Hf）与钛（Ti）同属第IVB过渡元素，在富镍的 NiTi 合金中加入少量 Hf 后，Hf 原子更倾向于取代晶格中的 Ti 原子，形成置换固溶体。而且，Hf 原子半径（1.57/1.58 Å）大于 Ti 原子半径（1.46 Å）[123]，尽管 Hf 与 Ti 价电子数（5d^{2}6s^2）相同[124]，但 Hf 较大的原子半径使其原子核对核外价电子的束缚力减弱，更容易失去电子，钝化能力更强。因此，Ti-Hf 复合钝化作用有望改善 60NiTi 合金的磨损加速腐蚀能力。此外，有研究表明[125,126]，少量 Hf 元素可有效减缓 Ni$_3$Ti 相的析出，抑制纳米级强化相 Ni$_4$Ti$_3$ 的粗化。近年来，有学者还发现，富 Ni 的 NiTi 合金中加入约 1 at.%的 Hf 后，硬化所必需的固溶温度可降低 100 ℃[127]，这将有效降低淬火裂纹产生的可能性[128]。此外，Hf 还可改善组织均匀化，提升接触疲劳强度以及抗亚表层微裂纹的萌生与扩展能力[65,129]，因而也有利于提高抗腐蚀加速磨损能力。

有鉴于此，本章通过 Hf 合金化，使 60NiTi 表面生长 TiO$_2$-HfO$_2$复合钝化膜，考察了合金化前后的物相组成、微观结构以及力学性能等差异，并研究了磨蚀过程 Ti-Hf 复合钝化效应对其腐蚀磨损性能的影响。

4.1 材料制备

材料制备的具体流程如下：首先以高纯海绵钛（99.99 wt.%）、电解镍（99.97 wt.%）以及 99.70 wt.%Hf 为原料，采用真空感应熔炼制备 60NiTi 和合金化 60NiTi 合金铸锭（本章所选用的合金化浓度为 3 wt.%Hf，因为此浓度对 60NiTi 析出相的影响最小[128]）。

考虑到 60NiTi 合金是一种金属间化合物，对于复杂部件难以加工成型[75]，在最终热处理前，先采用热等静压技术（HIP）对合金化前后 60NiTi 合金铸锭进行预处理。具体流程如下：以真空感应熔炼所得铸态合金为原料，采用气体雾化制备 HIP 工艺所需的 Ni-Ti 和 Ni-Ti-Hf 预制合金粉。而 HIP 工艺主要包括四个步骤[130]：首先将预制合金粉封装密封罐中，在真空条件下对密封罐进行加热，以去除挥发性物质和密封罐内的气体，尔后将密封罐加热到 1000 ℃，施加各向相同的压力（200 MPa），并保持 2 h，使得预制合金粉末固化，最后随炉冷却，去除密封罐，即可获得初始合金材料。然后将初始合金在真空炉中 1 000 ℃均匀化处理 6 h 后随炉冷却，取出后，去除表面的氧化薄层。

为避免水淬时产生的残余应力在后续试样加工过程中引发加工裂纹，在最终硬化热处理前，先将合金材料加工成测试、表征所需的尺寸，再在真空条件下，1050 ℃固溶处理 2 h 后水淬。硬化后的合金试样随后再用砂纸进行打磨，以去除表面的氧化薄层，最后抛光，封装，以备后续性能测试与表征。表 4-1 为采用 HIP 工艺前后，60NiTi 合金的物相组成、硬度及其弹性模量。

表 4-1 HIP 工艺前后，60NiTi 合金的物相组成、硬度及其弹性模量

制备工艺	主要物相	硬度/GPa	弹性模量/GPa
真空熔炼＋1000 ℃均匀化＋1 050 ℃固溶处理＋水淬	B2NiTi、Ni_4Ti_3	6.72±0.12	86.19±5.09
真空熔炼＋热等静压＋1 000 ℃均匀化＋1050 ℃固溶处理＋水淬	B2NiTi、Ni_4Ti_3	7.08±0.31	95.98±2.87

4.2　表征与理论计算方法

4.2.1　物相与晶体结构

采用扫描电子显微镜（SEM）对合金表面微观结构进行观察，并利用 EDS 能谱来测定选区化学成分。合金中物相首先采用 X-射线衍射仪获取衍射峰，然后通过 jade 软件将衍射峰与标准峰对比，初步确定合金中的物相。然后对合金进行减薄，再经双喷处理后，采用透射电子显微镜，获取试样的电子衍射斑点以及高分辨图，通过进一步对电子衍射斑点的分析，进行合金中物相的鉴定。合金中的物相分布、晶体取向以及晶粒尺寸分布等通过背散射电子衍射（EBSD）进行分析。EBSD 试样的制备采用机械抛光＋离子抛光进行前处理，获取的数据利用 Channel 5 软件进行分析，得到合金试样的晶体取向、物相与晶粒尺寸分布。

4.2.2　力学性能

纳米压痕是将一定形状的压头压入待测样品表面，再通过高分辨位移传感器采集试样压深量，从而获取待测试样表面的载荷-位移曲线的表面测量技术，其基本理论方法主要基于 Oliver-Pharr 方法提出的轴对称压头的几何形状与待测试样表面压入深度间对应的关系[131]。纳米压痕典型的载荷-位移曲线如图 4-1 所示。根据获得的载荷-位移曲线，采用经典的弹塑性理论，计算出待测合金表面的弹性模量（E）和硬度值（H）。

本章主要利用纳米压痕仪，对合金化前后试样表面的力学性能进行表征，获取表面沿深度方向不同压入深度的载荷-位移曲线，再通过拟合计算出深度方向硬度（H）及弹性模量（E），揭示合金不同深度方向力学性能的演变趋势。

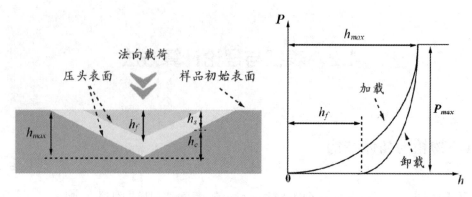

图 4-1　纳米压痕基本参数及典型曲线示意图

4.2.3　理论计算方法

本节所涉及的密度泛函理论计算是基于 CASTEP 软件包来实现的。交换关联势采用广义梯度近似下的 PBE 泛函来处理，为兼顾高计算精度的同时，有效降低截断能，提高计算效率，采用超软赝势来描述价电子与离子核间的相互作用。网格划分采用 Monkhorst-Pack 方案，自洽计算（SCF）的收敛精度为 1.0×10^{-6} eV/atom。本节将利用第一性原理计算，研究 Hf 合金化表面的钝化行为以及复合钝化表面的耐腐蚀性。在建立掺杂模型前，先采用 $12 \times 12 \times 12$ k-point 网格对 B2 NiTi 相的原始晶胞进行几何优化，其收敛条件设定为：体系能量低于 1.0×10^{-5} eV/atom，最大力小于 0.03 eV/Å，最大应力低于 0.05 GPa，原子的最大偏移小于 0.001 Å，使其结构达到稳定状态。随后进行切面，并建立 2×2 B2 NiTi（110）三层对称平板模型，其真空层厚度为 15 Å。然后对带有真空层的平板模型进行再次几何优化，完成后构建 Hf 合金化结构。有鉴于少量 Hf 在 B2 NiTi 结构中更趋向于取代 Ti 原子[132]，合金化模型的建立只考察 Hf 原子取代 Ti 原子的情况。对构建的模型采用 $5 \times 5 \times 1$ k-point、571.4 eV 截断能进行再次几何优化，并计算体系的态密度、差分电荷密度以及电子功函数等参数。

4.3　化学组成与组织形貌

表 4-2 为合金化前后 60NiTi 合金的化学成分。可以看出，60NiTi 合金

的化学成分主要为 59.60 wt.%（54.63 at.%）Ni，40.30 wt.%（45.33 at.%）Ti，而合金化 60NiTi 则主要由 56.90 wt.%（53.30 at.%）Ni，39.80 wt.%（45.7 at.%）Ti 以及 3.16 wt.%（0.97 at.%）Hf 组成，且杂质元素的含量很少。以上结果表明，合金化前后 60NiTi 的化学成分均满足设计要求。

表 4-2　合金化前后 60NiTi 合金的化学组成

质量分数/%	Ni	Ti	Hf	C	N	其他
60NiTi	59.60	40.30	0	0.008	0.004	余量
合金化 60NiTi	56.90	39.80	3.16	0.007	0.003	余量

图 4-2 给出了两种合金材料经固溶＋水淬处理后，合金表面的 SEM 形貌图。可以观察到，固溶处理后，仍有少量的条状析出相分布在基体表面，其 Ni:Ti 原子比为 69.86:30.14，与稳态析出相 Ni₃Ti 的原子非常接近，说明固溶态合金试样中仍残留有少量的 Ni₃Ti 相。这是由于炉冷过程形成的稳态析出相在固溶温度 1 050 ℃下无法完全溶解[76]，而进一步提高固溶温度是不可行的，因为这将导致液相的形成。此外，合金化后，试样基体表面，还观察到一些小白点，推测为 Hf 或者 Hf 的氧化物，具体化学组成后续将进行详细讨论。

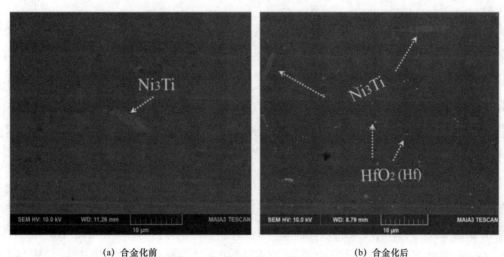

(a) 合金化前　　　　　　　　　　　　(b) 合金化后

图 4-2　合金化前后 60NiTi 合金表面形貌

4.4　物相与晶粒分布

为鉴定合金化前后，60NiTi 合金的物相组成，对两种合金试样进行了 X-射线衍射分析，结果如图 4-3 所示。

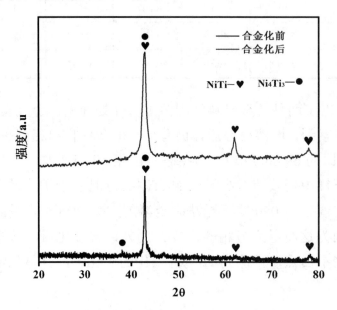

图 4-3　合金化前后 60NiTi 合金的 X-射线衍射

从 X-射线衍射图中可观察到，两种合金试样均含有一个强的衍射特征峰和两个弱衍射峰，通过与 Jade 中物相标准 PDF 卡比对可知，这与 B2 NiTi 和 Ni_4Ti_3 相的 X-射线图谱相匹配。然而，仅凭 X-射线衍射图仍无法确认 Ni_4Ti_3 析出相的存在，这是由于 Ni_4Ti_3 析出相的衍射峰与基体相 B2 NiTi 重叠[133]。此外，SEM 图中观察到的 Ni_3Ti 析出相在 X-射线衍射图中并没有明显的特征峰，说明其含量相当少[129]。

透射电子显微镜是一种以极短波长的电子束为光源，利用电磁透镜对透射电子聚焦成像的一种高分辨光学仪器，其分辨率可达 0.1 nm，具有原子级成像的能力。为了进一步确认 Ni_4Ti_3 析出相的存在，并确定 B2 基体与 Ni_4Ti_3 析出相的取向关系，合金试样经过机械打磨、双喷减薄后，采用透射电子显微镜（TEM）进行进一步分析，其结果如图 4-4、图 4-5 所示。

图 4-4（a）为 60NiTi 合金试样的 TEM 明场图，其沿 B2 NiTi 基体相＜

111＞晶带轴的选区电子衍射斑点（SAED）如图 4-4（b）所示。可以发现，SAED 由位于中心的基体相衍射斑点和两套成环形分布的析出相衍射斑点构成，而且用深灰色圆圈标记的衍射斑点处在（$\overline{2}13$）$_{B2}$ 矢量的 $x/7$ 处，这与已有文献中报道中 NiTi 与 Ni_4Ti_3 相共存时，沿 B2 NiTi＜111＞晶带轴的 SAED 特征谱完全一致[76,134,135]。这一结果进一步证实了 Ni_4Ti_3 析出相的存在，而且析出相中存在两种取向不同的 Ni_4Ti_3 变体[136]。基于 B2 与 Ni_4Ti_3 析出相衍射斑点的标定结果，可以发现，基体相与析出相的取向关系为 ［001］$_{Ni4Ti3}$ ∥ ［111］$_{B2}$ 和（110）$_{Ni4Ti3}$ ∥ （$\overline{2}13$）$_{B2}$。为研究基体相与析出相间的晶格结构，图 4-4（c）给出了 60NiTi 合金试样沿 B2 NiTi＜111＞晶带轴方向的高分辨电子显微图（HRTEM）。由 HRTEM 的 FFT 图可知，高

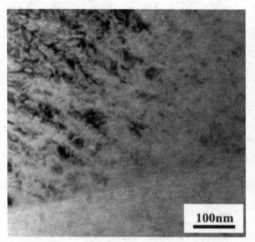
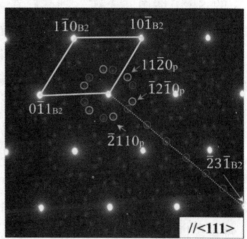

(a) TEM 明场图　(b) 选区电子衍射

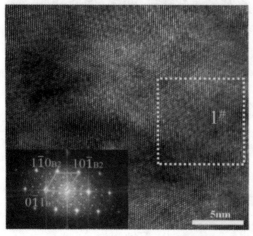

(c) TEM 高分辨图　　　　(d) 傅里叶与反傅里叶变换

图 4-4　固溶态 60NiTi 合金的 TEM 图

分辨区域内为 B2 NiTi 与 Ni₄Ti₃ 相共存。图 4-4（d）为选区 1#的快速傅里叶变换（FFT）以及相应的反傅里叶变换（IFFT）图。可以发现，Ni₄Ti₃ 析出相与 B2 NiTi 基体间存在很小的晶格畸变（虚线椭圆区域），这是因为 B2 基体与 Ni₄Ti₃ 析出相的晶格结构差异很小。以上结果表明，析出相与基体间是共格结构，这与已有文献中的报道相吻合[134]。而这种共格关系也是固溶水淬能使 60NiTi 合金硬化的原因所在。

图 4-5（a）合金化 60NiTi 的 TEM 明场图像以及图 4-5（b）相应的选区电子衍射谱与上述 60NiTi 类似，其基体相的衍射斑点同样处于环形 Ni₄Ti₃ 相变体衍射斑点的中心，这表明少量 Hf 不会改变析出相的种类。需要说明的是，XRD 和 TEM 选区电子衍射所探测到的 Ni₄Ti₃ 析出相，在图 4-5 的 SEM 图中并未观察到其存在，这是因为水淬时，Ni₄Ti₃ 相形核发生在毫秒级[76]，这将使得合金中 Ni₄Ti₃ 析出相的尺寸均为纳米级[134]，致使 SEM 图像无法清楚地识别[76]。而从图 4-5（c）的 TEM 高分辨图像选区 1# 的快速傅里叶变换及图 4-5（d）其反傅里叶变换可观察到，基体中存在明显的晶格畸变，如虚线椭圆区域所示。这是由于 Ti 和 Hf 同属第ⅣB 过渡金属元素，低含量的 Hf 更倾向于取代 Ti 原子而占据基体相晶格，而 Hf 的原子半径（1.58 Å）大于 Ti 的原子半径（1.46 Å），这就导致 B2 基体相晶格发生严重错配。此外，在合金化前后的 60NiTi 试样 SEM 图中观察到的 Ni₃Ti 析出相，在选区电子衍射图谱中未出现相对应的衍射斑，这一方面是因为其含量很少，另一方面是透射电子显微镜可观察的区域太小[76]。

(a) TEM 明场图

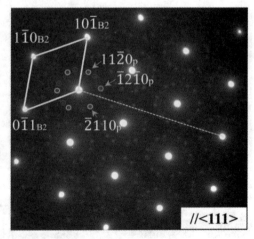

(b) 选区电子衍射

图 4-5 合金化 60NiTi 试样的 TEM 图

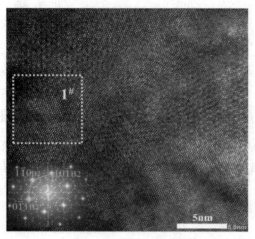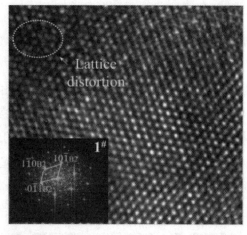

(c) TEM 高分辨图 (d) 傅里叶与反傅里叶变换

图 4-5 合金化 60NiTi 试样的 TEM 图（续）

电子背散射衍射简称 EBSD，是一种依托 SEM 使用的显微表征技术，其主要利用从样品表面反弹的高能电子衍射，得到一系列菊池花样，进而获得晶面间距和晶面夹角，通过与标准数据库对比，确定样品的微观组织结构和晶胞参数，并进行晶粒尺寸、织构、晶界特性、取向差以及相鉴定与相分布分析。EBSD 在轧制金属的织构分析、材料变形、金属和陶瓷的晶体/晶粒取向分析、应力腐蚀开裂、退火与再结晶以及薄膜织构分析等领域得到了广泛的应用。

鉴于电子背散射衍射（EBSD）在物相解析以及结晶取向分析等方面的强大能力，为探讨 Hf 对 60NiTi 合金晶粒尺寸以及结晶取向的影响，并进一步解析合金中的物相信息，对合金化前后 60NiTi 合金试样经离子抛光去除表面应力后，采用 EBSD 测试手段进行深入研究，其结果如图 4-6 和图 4-7 所示。

图 4-6（a）为 60NiTi 合金的 EBSD-IPF 图，可以观察到，60NiTi 合金的 B2 NiTi 基体相（空间群为 $Pm\bar{3}m$，晶胞参数为 $a=b=c=3.007$ Å，$\alpha=\beta=\gamma=90$ ℃）为随机取向的等轴晶，晶粒大小存在较大差异，而且在基体相表面和晶分布伴随有众多细小颗粒。这些细小颗粒推测是 Ni_4Ti_3 析出相，这是因为在水淬过程形成的析出相中只有 Ni_4Ti_3 相为纳米级。这一推断由图 4-6（b）中物相解析结果可以得到证实，其中深灰色颗粒代表 Ni_4Ti_3 析出相 [空间群为 $\bar{R}3$（148），$a=b=11.24$ Å，$c=5.08$Å，$\alpha=\beta=90°$，$\gamma=120°$]。从图 4-6（b）中还可观察到，细小 Ni_4Ti_3 析出相更倾向于分布在小尺寸基体相晶粒的晶界处。这是由于晶界处往往更容易产生晶格错配和晶粒畸变，引发原子排列很不规则，进而使得晶界处原子能量高，活

跃度大，容易扩散形核。需要说明的是，SEM 图中观察到的 Ni₃Ti 稳态析出相，在 EBSD 分析区域 1270×880 μm 范围内，并未解析出其存在，这进一步表明，Ni₃Ti 稳态析出相在 60NiTi 合金中的含量是极少的。此外，在图 4-6（b）中，还可观察到一些的白色亮点，说明还存在少量的未知析出相，由于其含量少，不会对合金性能造成明显影响，在此对其不进行深入分析。图 4-6（c）进一步给出了 60NiTi 合金试样中晶粒尺寸的统计分析，可清楚地看到，小于 10 μm 的晶粒占比可达 95% 以上，而大于 30 μm 的晶粒却占比不到 1%，平均晶粒大小为 5.404 μm。可见，最终硬化后，60NiTi 合金中以小尺寸晶粒为主，这对其综合性能的提升是相当有益的。

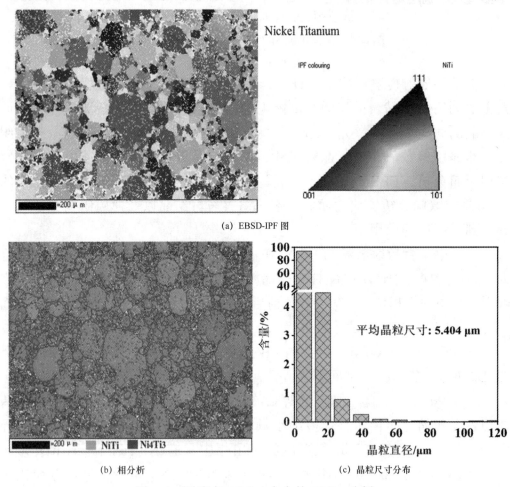

(a) EBSD-IPF 图

(b) 相分析

(c) 晶粒尺寸分布

图 4-6　固溶态 60NiTi 合金的 EBSD 分析

当 60NiTi 合金进行合金化后，图 4-7（a）的 EBSD-IPF 表明，晶粒取向没有出现明显变化，仍为随机取向的等轴晶。然而，晶粒大小却发生显著的改变。相较于 60NiTi 合金，合金化试样中 B2 NiTi 基体相晶粒出现了一定程度的长大，特别是小尺寸晶粒的长大尤为明显，这一发现同样可由图 4-7（c）中的晶粒尺寸分布得以证实。如图 4-7（c）所示，小于 10 μm 的晶粒占比下降到接近甚至低于 90%，而大于 30 μm 的晶粒占比应该在 2% 左右，这将导致合金化试样中平均晶粒尺寸增大到 6.414 μm。Hf 合金化造成晶粒长大的原因主要是 Hf 对 Ti 原子在基体中的扩散有一定的阻滞效果[137]，这将减缓 NiTi 基体相在冷却过程的形核速率，最终引发晶粒长大。此外，由图 4-7（b）可以观察到，在采用相同热处理工艺后，合金化后，纳米级析出相 Ni₄Ti₃ 的含量也明显低于 60NiTi，说明 Hf 合金化减缓了 Ni₄Ti₃ 的析出。这一结论与已有文献中的报道相吻合[125]，造成这一结果的原因是 Hf 可降低 Ni₄Ti₃ 相在极冷过程的形成动力学[125]。而且，从图 4-7（b）中还可以发现，合金化进 60NiTi 中的 Hf 主要以金属 Hf（亮色细小颗粒）的形式存在，并且大多数金属 Hf 存在于晶界处，而 HfO₂（浅灰色颗粒）的含量非常少。

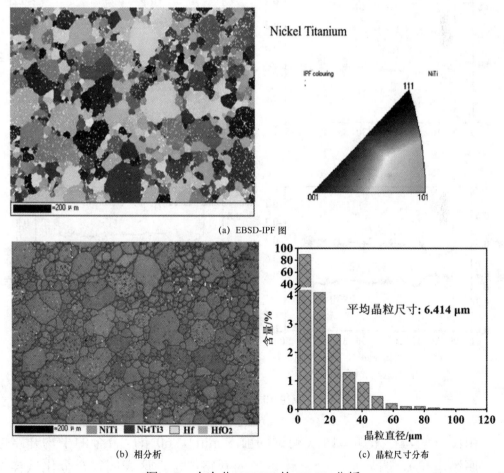

(a) EBSD-IPF 图

(b) 相分析

(c) 晶粒尺寸分布

图 4-7 合金化 60NiTi 的 EBSD 分析

4.5 腐蚀磨损行为

4.5.1 开路电位-摩擦系数

图 4-8 为合金化前后 60NiTi 合金在人工海水介质中不同载荷作用下，摩擦系数（CoF）和开路电位（OCP）的变化曲线图。整个测试过程，仅待测试样上表面与溶液介质接触，下表面则与电化学工作站的工作电极相连接，而且测试的前 5 min 和后 5 min，待测试样保持同样转速但不加载荷。

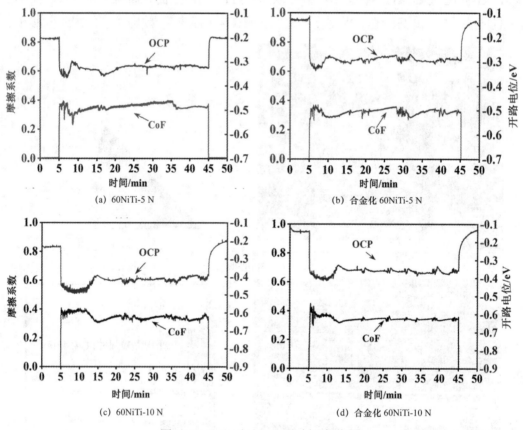

(a) 60NiTi-5 N

(b) 合金化 60NiTi-5 N

(c) 60NiTi-10 N

(d) 合金化 60NiTi-10 N

图 4-8 OCP 和 CoF 随时间变化图

由图可知，在未加载时（测试的前 5 min），60NiTi 合金的平均开路电位（腐蚀电位），明显负于合金化试样的开路电位，这表明，合金化试样相较于 60NiTi，具有更优异的抗海水腐蚀性。当加载 5 N 载荷后，摩擦系数急剧增加到 0.4，与此同时，合金化前后 60NiTi 的开路电位均向负的方向偏移。显然，合金表面的钝化膜已然在摩擦力作用下遭到了严重的破坏。然而，当开路电位到达最低点后，转而向正方向偏移，同时摩擦系数开始降低，说明遭到破坏的钝化膜在摩擦力作用下，仍可进行部分重构，而且重构的钝化膜具有一定的润滑效应。随着测试时间的进一步延伸直到卸载，开路电位和摩擦系数尽管存在一定的波动，但整体来说保持相对稳定，说明钝化膜的重构与机械去除基本达到了动态平衡。一旦载荷卸载，开路电位开始急剧上升，最终达到与加载前相同水平，这说明在没有剪切摩擦力破坏的情况下，钝化膜可在短时间内进行重构。

将载荷增加到 10 N 时，合金化前后 60NiTi 试样的 OCP 和 CoF 曲线在腐蚀磨损条件下的演变过程与载荷为 5 N 时基本相同。只是载荷增大时，OCP 曲线向负方向偏移会更加明显，而且 OCP 在最低点停留的时间延长。这说明，随载荷增加，摩擦力对合金在海水介质中抗腐蚀性的恶化更加明显。总的来说，合金化试样相较于 60NiTi，在静态和摩擦条件下，自腐蚀电位分别正移约 28% 和 10%，表现出更好的抗腐蚀能力。

4.5.2　磨痕表面分析

图 4-9 为合金化前后 60NiTi 在腐蚀磨损条件下，磨痕表面的光学显微图。由图 4-9（a）和 4-9（b）可知，在 5 N 载荷下，合金化试样的磨痕宽度为 339.64 μm，相较于相同载荷下的 60NiTi（397.92 μm），磨痕宽度减小了 14.6%。

(a) 60NiTi-5 N　　　　　　　　　　(b) 合金化 60NiTi-5 N

图 4-9　磨痕表面光学显微图

(c) 60NiTi-10 N (d) 合金化 60NiTi-10 N

图 4-9　磨痕表面光学显微图（续）

当载荷增加到 10 N，磨痕宽度的减少幅度增加到 18.5%。这说明，Hf 合金化可提升 60NiTi 合金的耐磨性。此外，两种合金试样的磨痕表面均可观察到材料剥离的痕迹，且沿滑动方向存在浅而细小的犁沟。

为进一步获取磨痕的表面形貌，采用高倍扫描电子显微镜（SEM），对磨痕内选区进行观察，并利用 EDS 能谱，分析选区的元素分布，其结果如图 4-10 所示。由图 4-10（a）～图 4-10（d）可知，在 5 N 载荷下，60NiTi 合金磨痕表面存在明显的表层剥落现象，且在未剥落区可观察到有较深的犁沟以及微裂纹的存在。磨痕区的 EDS 元素面分布图表明，未剥落区域分布有大量的氧元素，而剥离区的氧含量则非常少，说明磨痕表面形成的氧化物会诱导微裂纹的形成，更容易在摩擦作用下被剥离。合金化后，试样的磨痕区表面虽也存在剥离现象，但表层的剥离较为轻微，磨痕表面的犁沟浅而窄。EDS 元素面分布图显示，合金化试样磨痕表面的氧分布较为均匀，说明剥离区域较小。而且，在 60NiTi 磨痕表面的未剥离区中频繁出现的微裂纹在合金化试磨痕表面却很少见，这是由于 Hf 合金化改善了 60NiTi 合金的耐疲劳损伤性，阻碍了亚表层裂纹的萌生和扩展[129]。

当载荷增加到 10 N 时，如图 4-10（e）～图 4-10（h）所示，60NiTi 合金磨痕表面存在明显的撕裂区，且撕裂层呈现多层结构，撕裂区周围分布有片状磨屑。合金化后，试样表面仍表现为单层剥离，且表层的剥离较浅。说明在较大载荷时，合金化试样仍表现出较好的抗亚表层裂纹的萌生和扩展能力。

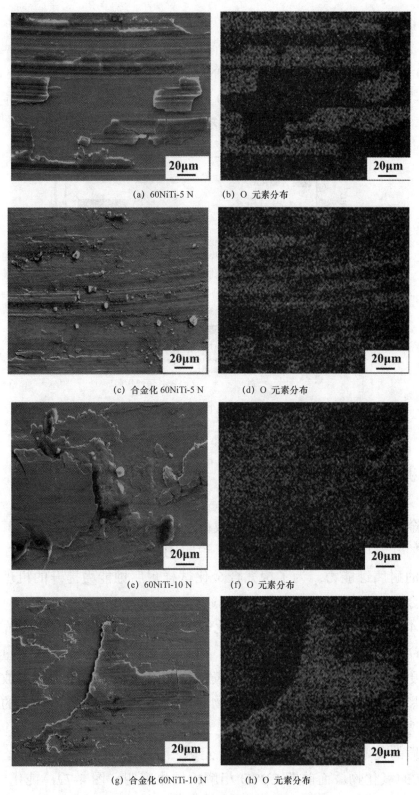

(a) 60NiTi-5 N　　(b) O 元素分布

(c) 合金化 60NiTi-5 N　　(d) O 元素分布

(e) 60NiTi-10 N　　(f) O 元素分布

(g) 合金化 60NiTi-10 N　　(h) O 元素分布

图 4-10　磨痕表面 SEM 和 EDS 分析

图 4-11 为合金化前后 60NiTi 在人工海水中腐蚀磨损条件下的比磨损率。可以看出，在 5 N 载荷下，合金化试样的体积磨损率为 $1.74 \times 10^{-5}\,\mathrm{mm^3 \cdot (N \cdot m)^{-1}}$，相较于 60NiTi 合金 [$2.12 \times 10^{-5}\,\mathrm{mm^3 \cdot (N \cdot m)^{-1}}$]，降低了约 13.43%。当载荷增加到 10 N 时，合金化试样的体积磨损率下降幅度为 13.54%，与 5 N 载荷时基本接近。

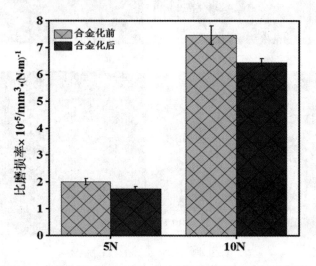

图 4-11　合金化前后 60NiTi 在不同载荷下的比磨损率

4.5.3　机理分析

合金化试样在未加载荷以及加载荷条件下，相较于 60NiTi，其在人工海水中的开路电位均发生正向偏移，说明 Hf 合金化提高了 60NiTi 在海水介质中的耐腐蚀能力。为了探究合金化试样耐腐蚀能力提升的机理，以下将对合金化试样钝化表面进行分析。

图 4-12 为合金化 60NiTi 的钝化表面形貌图以及选区元素分布。由图 4-12（a）左半部分可清晰地观察到，合金化试样钝化表面存在大量黑色物质，且更趋向于呈聚集状态分布在表面的凹陷区。将选区进一步放大可以发现，黑色物质主要由片状和条状物质组成。为了鉴别黑色物质的化学成分，对选取进行了元素面分布分析，结果如图 4-12（b）所示。可以发现，黑色物质的化学组成主要是 Hf 和 O 元素，而 Ni 和 Ti 的含量极少，说明主要为 Hf 的氧化物。而前期 EBSD 相解析结果表明（图 4-7），钝化前 Hf 合金元素在 60NiTi 合金中主要以金属态存在，这表明，合金化元素 Hf 参与

了表面钝化反应。

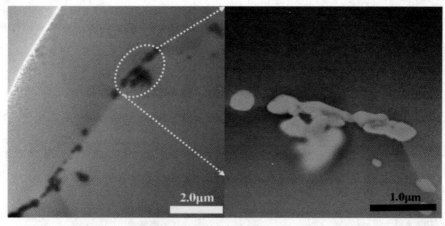

(a) 钝化表面形貌

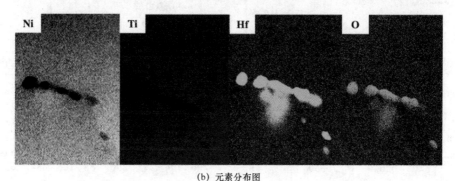

(b) 元素分布图

图 4-12　合金化 60NiTi 钝化表面形貌与元素分布分析

　　XPS 是通过光电效应，激发试样表面发射光电子，在利用能量分析器，采集光电子动能，通过计算得到激发电子的结合能，再根据结合能的差异即化学位移，最终确定表面元素的种类及其化合价，是一种用来表征材料表面元素化学态的表面分析技术。为进一步研究钝化表面特征元素 Ti、Hf 以及 O 的化学态，图 4-13 给出了钝化表面特征元素的高分辨 XPS 图谱。需要说明的是，高分辨 XPS 峰采用结合能为 284.6 eV 的 C 1s 峰进行校正。

　　图 4-13（a）为钝化表面 Ti 2p 峰的高斯拟合结果，可以发现，合金化 60NiTi 钝化表面的 Ti 2p XPS 图谱中主要包含三个峰，其结合能分别为 464.3 eV、458.5 eV 以及 454.5 eV。其中，464.3 eV 和 458.5 eV 处峰分别为 TiO₂ 的 Ti 2$p_{1/2}$ 和 Ti 2$p_{3/2}$[90,91]，而 454.5 eV 则与 TiO$_{0.73}$ 氧化物的吸收峰的结合能非常接近[91]。对于 Hf 4f XPS 图谱而言，如图 4-13（b）所示，Hf 4f 在结合能为 14.3 eV 的弱峰为金属 Hf，而结合能为 16.9 eV 和 18.5 eV 的吸

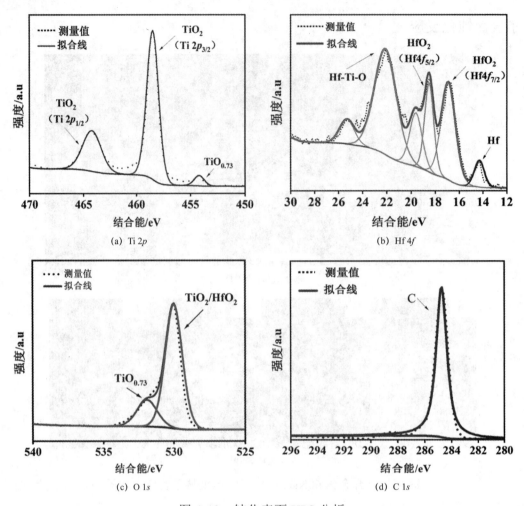

(a) Ti 2p   (b) Hf 4f

(c) O 1s   (d) C 1s

图 4-13　钝化表面 XPS 分析

收峰则为 HfO_2 的 Hf $4f_{7/2}$ 和 Hf $4f_{5/2}$[138]。此外，Hf $4f$ 中结合能为 22.4 eV 的吸收峰与文献报道中 Ti-Hf-O 的 XPS 峰非常接近[139]，说明钝化表面还存在 Ti-Hf-O 复杂氧化物。在 O $1s$ 中，结合能为 530.0 eV 的吸收峰与 TiO_2 和 HfO_2 的特征峰接近[139]，而结合能为 531.9 eV 峰则为 $TiO_{0.73}$[91]。图 4-13（d）中的 C $1s$ 峰用于分峰过程中结合能的校正。

　　以上结果表明，合金化试样钝化表面存在 TiO_2 和 HfO_2 复合钝化层，此外还包括少量的低价钛氧化物以及 Ti-Hf-O 复杂氧化物。为从原子尺度上进一步研究合金化试样钝化过程的价键规律，探讨 Ti-Hf 复合钝化层改善 60NiTi 合金耐腐蚀性的本质，采用基于密度泛函理论的第一性原理计算，考察了 Hf 替代 B2 NiTi 基体相中 Ti 原子的结构模型在钝化过程中态密度、差分电荷密度以及功函数的演变。

图 4-14 给出了 O₂ 分子在包含 Hf 元素的结构模型表面吸附、解离以及成键后，体系中不同原子的分波态密度（PDOS）以及差分电荷密度。

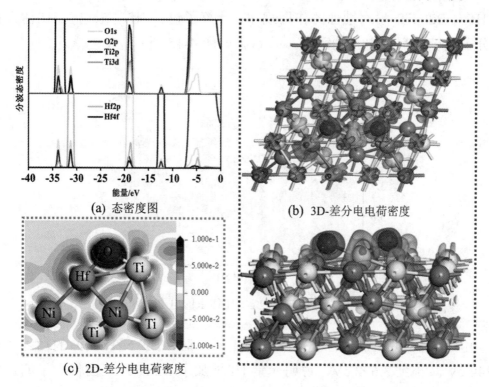

(a) 态密度图

(b) 3D-差分电电荷密度

(c) 2D-差分电电荷密度

图 4-14 电子结构与差分电荷密度分析

由图 4-14（a）可以看出，Hf 2p、Hf 4f 和 Ti 2p、Ti 3d 均与 O 1s、O 2p 发生强烈的轨道共振效应，说明被解离的 O 原子与 Hf、Ti 原子均可成键。而从图 4-14（b）的 3D 差分电荷密度图中可进一步观察到，成键后 O 原子周围会有大量的电子聚集，而电子的耗散则主要出现在 Hf 原子周围。为了再次确认这一发现，图 4-14（c）给出了 Ti-O-Hf 截面的差分电荷密度，可以清楚地看到，Hf 原子周围的电子耗散要明显强于 Ti 原子。而 Hirshfeld 电荷的定量分析表明，成键完成后，两个氧原子获取的总电荷为 0.6 eV，而单个 Hf 原子的电荷耗散量就达到 0.49 eV。以上结果表明，钝化过程中，Hf 原子作为电子的主要供体，将价电子转移到解离 O 原子周围参与成键，也就是说，被解离的 O 原子会优先与 Hf 原子成键。

功函数是将电子从固体中转移到紧邻固体表面的真空点时所需的最小热力学功（即能量），主要反映电子从固体表面逸出的难易程度，同时也是表征合金表面耐腐蚀性的重要参数。

为探讨合金化元素 Hf 对 B2 NiTi 表面价电子迁移能力的影响，研究 Ti 氧化物钝化层与 Ti-Hf 复合钝化层对表面价电子屏蔽作用的差异，进而阐明 Hf 对 B2 NiTi 耐腐蚀性的作用规律，计算了包含 Hf 与未包含 Hf 体系在氧分子成键前后的电子功函数，其结果如图 4-15 所示。

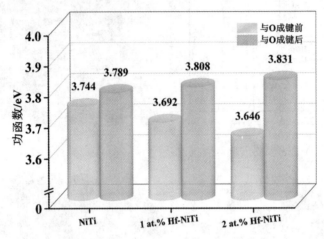

图 4-15　包含与未包含 Hf 体系的电子功函数

由图 4-15 可知，当合金化浓度为 1 at.%时，B2 NiTi 表面的功函数由 3.744 eV 减小到 3.692 eV，说明元素 Hf 增加了 B2 NiTi 表面价电子的反应活性。这是因为 Hf 的原子半径（1.57/1.58 Å）大于 Ti 的原子半径（1.46 Å）[123]，尽管 Hf 与 Ti 拥有相同的价电子数（5d²6s²）[124]，但 Hf 较大的原子半径使其原子核对核外价电子的束缚能力减弱，在化学反应中更容易失去电子。然而，当 O_2 分子在合金化浓度为 1 at.%的体系上发生吸附、解离并成键后（即钝化），体系的功函数增加到 3.808 eV，大于未掺杂体系在 O_2 分子吸附后的功函数。为了证实这一发现，进一步计算了合金化浓度为 2 at.%的体系功函数的演变规律，发现与合金化浓度为 1 at.%时，体系功函数在钝化前后的变化规律完全一致。由此可见，Ti-Hf 复合氧化物对 B2 NiTi 表面价电子的屏蔽效应要强于钛氧化物。有鉴于表面功函数与材料耐腐蚀性的线性相关性[97,119]，可以得出，TiO_2-HfO_2 复合钝化膜的耐蚀性要强于 TiO_2 钝化膜，这主要是因为 Hf 氧化物对表面价电子的屏蔽作用强于 Ti 氧化物。

前期研究还表明，合金化试样在人工海水中的抗磨性同样优于 60NiTi 合金。为了探索合金 Hf 元素对其耐磨性强化的原因，采用纳米压痕技术，考察了合金化前后，60NiTi 合金的力学性能。结果如图 4-16 所示。其中，图 4-16（a）和图 4-16（b）分别为合金化前后，60NiTi 合金试样在 5 mN

和 10 mN 载荷作用下的载荷-位移曲线。

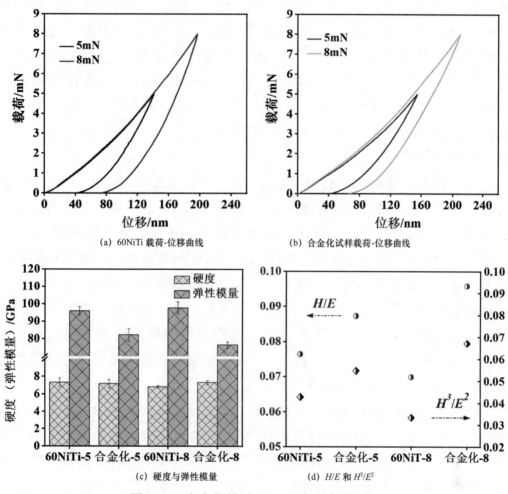

(a) 60NiTi 载荷-位移曲线

(b) 合金化试样载荷-位移曲线

(c) 硬度与弹性模量

(d) H/E 和 H^3/E^2

图 4-16　合金化前后 60NiTi 合金力学性能

由图 4-16（c）可知，合金化试样与 60NiTi 相比，硬度无明显变化，但弹性模量却从 96 GPa 降低至 79 GPa，表明本研究所采用的合金化浓度基本不会对其硬度造成影响，说明采用经典耐磨理论，即材料硬度对其耐磨性起关键作用，无法解释 Hf 合金化提升 60NiTi 合金耐磨性的原因，这一结论与文献中已有的报道相吻合[64,140]。

Oberle[56]认为，提升机械工程材料的耐磨损寿命，仅通过采用超硬材料是无法做到的，还需考虑其抗压痕诱导损伤的能力。因此，在 1950 年，Oberle 首次提出，材料耐磨性与其硬度和弹性模量之比（H/E）间存在正相关性，并称之为 Modell。这是因为，材料的高硬度可确保其强的抗磨粒磨损性，而相对较低的弹性模量则可分散接触应力，提升抗压痕诱导损伤的能力。近年来，一些学者遵循这一原则，通过表面处理和涂层设计，构筑了一系列高 H/E 值的涂层和表面，在测试中发现，性能最好的试样往往具有高的 $H/E^{[60,62,141]}$，证实了这一理论的合理性。Leyland[142] 进一步认为，H/E 是描述材料的抗弹性应变失效能力的重要指标，而 Wang[143] 发现，H^3/E^2 则与材料的抗塑性变形能力成正比。因此，有学者将 H/E 和 H^3/E^2 相结合来评判材料的耐磨性，认为 H/E 和 H^3/E^2 值越大，材料耐磨性越强[60]。

有鉴于此，图 4-16（d）分别给出了在最大压入载荷为 5 mN 和 8 mN 的条件下，合金化前后 60NiTi 的 H/E 和 H^3/E^2。显然，两种试样的 H/E 和 H^3/E^2 均与压入的最大载荷存在一定的关联性，并且合金化试样的 H/E 和 H^3/E^2 对最大压入载荷的依赖性更加明显，这可能与其应力诱变马氏体相变有关，因为马氏体相变温度对 Ni 含量具有高度敏感性。然而，不管最大压入载荷为 5 mN 还是 8 mN，合金化试样的 H/E 和 H^3/E^2 均大于 60NiTi，说明合金化试样具有更加优异的抗弹性失效以及塑性裂纹萌生与扩展的能力。以上结果说明，Hf 合金化降低 60NiTi 合金磨损率的主要原因在于增大了其在摩擦副接触过程的弹性变形。

总的来讲，Hf 合金化提升 60NiTi 合金在人工海水介质中的抗腐蚀磨损性能主要源于：① TiO_2-HfO_2 复合钝化层对 60NiTi 合金表面价电子的屏蔽作用强于单一 TiO_2 钝化层，使得加载和未加载条件下，合金化试样的开路电位相较于 60NiTi 均发生了正移。② Hf 合金化增加了 60NiTi 合金在摩擦副接触时的弹性变形，从而降低了磨损率。合金化试样的腐蚀磨损演变过程与 60NiTi 基本类似，具体为：在载荷加载前的浸泡阶段，合金试样表面会形成稳定的复合钝化膜。当加载荷后，上表面的硬质微凸体会嵌入合金试样下表面的外表层，然后在切向力作用下，钝化膜将遭到破坏，钝化膜对价电子的屏蔽作用消失，OCP 向更负的方向迁移，腐蚀作用加剧。尔后会出现短暂的再钝化，具体表现为 OCP 向正方向迁移，随后钝化膜的重构和机械去除基本达到动态平衡，OCP 保持相对稳定。载荷卸载后，会出现连续再钝化，开路电位向正迁移。

4.6　本章小结

采用少量 Hf 合金化，在不使 60NiTi 合金力学性能退化的前提下，在其表面形成了 TiO$_2$-HfO$_2$ 复合钝化膜。通过 Ti-Hf 在腐蚀磨损过程中的复合钝化作用，提升其在腐蚀磨损工况下的耐腐蚀性。并对比考察了合金化前后 60NiTi 物相组成、微观结构，以及晶粒分布等。主要结论如下：

（1）元素 Hf 在 60NiTi 中更趋向于以金属态存在于晶界处，且不会改变 60NiTi 合金的物相种类和晶体取向，但会略为降低纳米级析出相 Ni$_4$Ti$_3$ 的含量，增加合金的晶粒尺寸，同时引起基体相与析出相界面出现微小晶格畸变。

（2）合金化元素 Hf 不会引起 60NiTi 合金的硬度（H）发生明显变化，但会使弹性模量（E）由 96 GPa 降低至 79 GPa，从而使 60NiTi 合金的 H/E 以及 H^3/E^2 分别由 0.073 和 0.038 提升至 0.092 和 0.055。

（3）与 60NiTi 相比，合金化试样在腐蚀磨损工况下的耐蚀性得到了提升，这是由于 Ti-Hf 在磨蚀过程中的复合钝化作用形成的 TiO$_2$-HfO$_2$ 复合钝化膜对合金表面价电子的屏蔽作用强于单一 TiO$_2$ 钝化膜。

（4）合金化试样在人工海水中的磨损率相较于 60NiTi 合金降低了约 14%，这一方面是由于复合钝化作用减少了因腐蚀造成的体积损失，另一方面是因为合金化元素 Hf 使其具有较高的 H/E 以及 H^3/E^2 值，在摩擦副接触时增加了弹性变形，从而降低了磨损率。

5　60NiTi 表面 TiO_2-B_2O_3-TiB_2 复合层的腐蚀磨损行为

采用合金化在 60NiTi 表面实现 Ti-Hf 复合钝化效应虽可使其在海水介质中腐蚀磨损过程的腐蚀电位正移，抗磨性增加。然而，不足之处在于钝化膜易于去除，无法达到较高防护效果。因而，构筑结合能力强的抗磨耐蚀一体化表面是解决这一问题更为有效的途径。

对于机械摩擦副表面的防护，广泛采用的策略为在其表面构筑耐磨、耐腐涂层以达到延长使用寿命的目的。其不足之处在于涂层与基体界面间结合强度较差，往往在服役初期就会出现涂层剥落的现象，很难满足设计要求。离子注入是用高能离子束轰击目标靶材料，通过入射离子与目标靶原子间的级联碰撞，将离子植入固体材料表面，从而改善合金材料的表面性能，尤其在强化材料表面硬度，提高合金抗磨性与耐腐蚀性，延长服役寿命等方面具有显著效果。近年来，离子注入技术在机械摩擦副表面改性方面受到了很大关注[144-146]，这是由于高能离子通过动能碰撞植入合金表层，因而离子植入层与基体间无明显界面，有效规避了涂层与基体间结合强度不足的问题。

本章采用离子注入技术，通过注入 B^+ 离子（选择注入 B^+ 离子主要考量是 TiB_2 具有优异机械强度[147]），对合金表面进行改性，并采用低温退火，利用 TiB_2 增强相强化表面 TiO_2 层硬度，实现 60NiTi 合金 TiO_2-B_2O_3-TiB_2 复合表面的构筑。主要考察离子注入/退火对合金表面形貌、物相组成以及力学性能的影响，并结合 SRIM-2013 程序，研究植入离子与 60NiTi 靶原子间的碰撞细节，探讨表面性能演变的内在规律。

5.1 材料制备与表征方法

5.1.1 试样制备

60NiTi 合金经均匀化处理后，切割成所需尺寸，在 1 050 ℃固溶处理 2 h，然后进行水淬，以达到硬化的目的。尔后利用不同粒度的砂纸，去除表面的氧化薄层，再进行机械抛光，随后用蒸馏水冲洗，再将试样浸泡在无水乙醇中，利用超声清洗去除表面的杂质，最后封装备用。

采用香港共晶电子科技有限公司生产的离子注入机（型号：IMC200），通过 30 keV 的加速能量在 10^{-6} mbar 真空度下，将 1×10^{16} ions/cm^2 剂量的 B^+ 离子沿垂直方向植入 60NiTi 试样表面。为了防止离子注入时试样表面温升过高，通过冷却系统对试样进行降温，以确保合金试样的温度在整个离子注入过程始终接近室温。离子注入完成后，将部分植入试样在 400 ℃和 500 ℃下真空退火 2 h（真空度~20 Pa），以便研究退火处理对合金表面性能的影响。考虑到退火温度大于 500 ℃时，60NiTi 基体硬度会急剧下降[68]，因此未采用更高的退火温度。退火过程采用低真空度主要出于以下考虑：一是氧的参与在热力学上有利于 TiB_2 的形成；二是形成的氧化物对合金的抗磨性和耐腐蚀性均有益。

5.1.2 表征方法

白光干涉仪是利用干涉原理，通过非接触式扫描，对光在两不同表面反射后形成的干涉条纹进行采集，再通过系统软件，对数据进行分析，从而获取试样表面轮廓、表面缺陷、粗糙度以及腐蚀形貌等信息。白光干涉仪可对各类从超光滑到粗糙、低反射率到高反射率的物体表面进行精确测量，广泛应用于材料表面粗糙度、微观轮廓以及磨损表面分析等。本章主要采用白光干涉仪（型号：CCI6000）对经表面处理的合金试样进行表面形貌的观测，获取合金表面粗糙度等信息，揭示表面处理过程中表面形貌与粗糙度的演变过程。

离子注入后，试样表面沿深度方向的元素分布采用 XPS 深度分析进行采集。物相表征通过 X-射线衍射仪（型号：D8 ADVANCE A25），采用 Cu 靶陶瓷 X 光管，对不同处理状态的合金试样进行物相鉴定，并借助 XPS 表面化学态测试手段，对微区表面化学组成进行分析。

采用纳米压痕仪，对表面处理前后试样表面的力学性能进行表征，获取表面沿深度方向不同压入深度的载荷-位移曲线，再通过拟合计算出深度方向硬度（H）及弹性模量（E）。

5.1.3　腐蚀磨损测试

采用带有电化学三电极系统附件的球-盘摩擦磨损实验机进行电化学腐蚀摩擦磨损性能测试。参比电极采用饱和甘汞电极，辅助电极采用铂片，而工作电极则为所测试的合金试样。球采用能兼顾耐腐蚀与高耐磨的氮化硅球，氮化硅球通过陶瓷夹具与载荷加载系统相连。电解质采用基于 ASTM D665-12 标准配制的人工海水，转速 0.02 m/s，载荷 5 N，摩擦系数和电化学信号可通过同一个软件进行实时同步采集。实验结束后，用无水乙醇清洗表面，磨痕表面形貌采用光学和场发射扫描电子显微镜进行观察，选区元素分布采用 EDS 进行分析。

5.2　SRIM 模拟分析

SRIM 是一个模拟计算离子在物质中传输特征（包括离子射程、能量损耗、溅射以及损伤等）的程序包，能够对离子注入过程中植入离子与反冲原子间的级联碰撞给出合理的描述，并计算出植入离子与靶材反冲原子沿深度方向的分布以及碰撞导致的表面损伤。

本节通过 SRIM-2013 程序包，利用完整的级联损伤详细计算模块，模拟了注入的高能 B⁺离子与 60NiTi 合金靶中反冲原子间的碰撞细节，预测了植入 B⁺离子的分布以及沿深度方向的靶损伤行为。计算级联碰撞以及靶损伤等过程主要基于如下假设：

（1）假定入射离子的原子序数为 Z_1，具有的能量为 E，与之碰撞的靶原子其原子序数为 Z_2。发生碰撞后，入射离子的能量变为 E_1，而被撞击原

子的能量为 E_2。

（2）如果 $E_2 > E_{disp}$（移位能，即将一个靶原子从其晶格位置撞击出足够远距离使其无法迅速回位所需的最小能量），则被撞击原子会发生移位。如若 E_1、E_2 均大于 E_{disp}，则入射离子与被撞原子均会发生移位，此时靶中会产生空位。当 $E_2 < E_{disp}$ 时，被撞击的原子不足以逸出晶格，因而会振动返回原来晶格位置，能量 E_2 以声子形式释放。

（3）在一次碰撞后，如果 $E_1 < E_{disp}$，则 Z_1 将会终止运动变成填隙原子，反之将撞击其他靶原子产生更多空位。而对于 Z_2 原子，当 $E_2 > E_{disp}$ 时，原子移出晶格时将要克服晶格束缚能（E_{latt}，原子从晶格中移除所需的最小能量），在一次碰撞后，Z_2 原子的能量将变为 $E_2 - E_{latt}$，如若 $E_2 - E_{latt} > E_{disp}$，则会发生下一次碰撞；反之，反冲原子亦会变填隙原子。

在整个计算过程中，靶合金中 Ti 原子和 Ni 原子的移位能均为 25 eV，60NiTi 合金靶的密度设定为 6.7 g/cm^3[65]。靶损伤 dpa 通过以下公式进行计算[148]：

$$\left(\frac{vacancies}{ions \times \text{Å}}\right) \times \left(\frac{10^8\left(\frac{\text{Å}}{cm}\right) \times Fluence\left(\frac{ions}{cm^2}\right)}{7.49 \times 10^{22}\left(\frac{atoms}{cm^3}\right)}\right) = \left(\frac{\# \ of \ vacancies}{atom}\right) \quad (5\text{-}1)$$

$$= dpa$$

式（5-1）中：$\left(\dfrac{vacancies}{ions \times \text{Å}}\right)$ 可由 SRIM 输出 vacancy.txt 中获取，

7.49×10^{22}/atoms·cm^{-3} 为 60NiTi 合金靶的原子密度，Fluence 代表离子注入剂量，单位为 ions/cm^2。

SRIM-2013 模拟计算结果如图 5-1 所示。图 5-1（a）为注入 B$^+$离子与 60NiTi 合金靶反冲原子轨迹，其中菱形点代表植入 B$^+$离子与 60NiTi 靶原子间的碰撞，在此期间，离子能量将转移给靶原子，使其克服晶格束缚能（E_{latt}，原子脱离原有晶格所需的最小能量）而被移出原来的晶格位置，此时被移除的靶原子称为反冲靶原子。圆点代表反冲靶原子与靶中其他原子间的碰撞。需要说明的是，在离子注入的整个碰撞过程中，只有足以将靶原子撞离原有晶格位置的碰撞才被绘入轨迹图中，而且反冲原子造成的级联碰撞占据大多数。

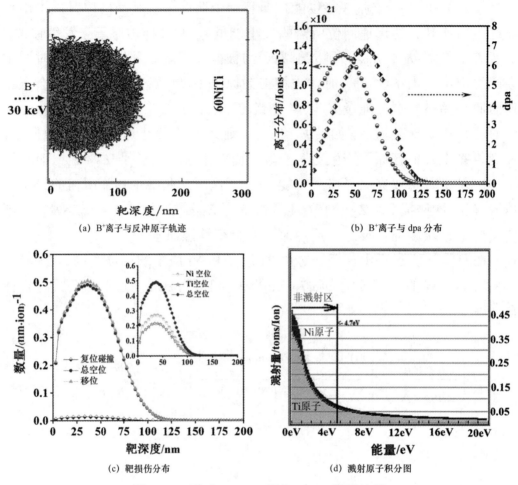

(a) B⁺离子与反冲原子轨迹   (b) B⁺离子与 dpa 分布

(c) 靶损伤分布   (d) 溅射原子积分图

图 5-1   B⁺注入 60NiTi 靶的 SRIM 模拟计算

图 5-1（b）为注入 B⁺离子和移位损伤沿深度方向的分布图。由图可知，B⁺离子沿深度方向的分布近似高斯分布，且在表面以下约 63 nm 处达到浓度峰值。离子植入造成的移位损伤在约 36 nm 处达到最大，约为 6.5 dpa，说明在本研究所采用的离子注入条件下，60NiTi 合金近表面只受到了轻微的移位损伤。而且，从图 5-1（c）中还可发现，产生的总空位数小于被撞击而脱离靶的总原子数，这是由于一次碰撞后，反冲原子的能量大于靶原子的移位能，因而会与其他靶原子发生再次碰撞，当与相同靶原子发生碰撞，且碰撞后，能量不足以使其发生移位时，会停留在被碰撞原子遗留的空位中，形成复位原子，这种碰撞称之为复位碰撞，在级联碰撞中占据的比例很小，如图 5-1（c）中菱形点线曲线所示。此外，还发现，60NiTi 靶

中 Ni 空位数要大于 Ti 空位数，说明 Ni 原子在离子注入过程更容易发生移位。为进一步研究离子注入过程目标靶的溅射损伤，图 5-1（d）给出了溅射原子对能量的积分图，其中黑色垂直线代表 60NiTi 合金表面结合能的平均值。显然，由入射 B$^+$离子引发的靶原子溅射几乎可忽略不计，说明大多数被撞击而达到表面的原子没有足够的能量脱离目标靶。

5.3　XPS 全元素深度剖析

X-射线光电子能谱（XPS）基于 X-射线与试样表面间的相互作用，通过光电效应，激发试样表面发射光电子，在利用能量分析器，采集光电子动能，通过计算得到激发电子的结合能，再根据结合能的差异即化学位移，最终确定表面元素的种类及其化合价，是一种用来表征材料表面元素组成及其化学态的表面分析技术，而 XPS 深度剖析主要利用溅射离子枪，对样品表面进行溅射剥离，尔后对每一层表面的元素组成进行分析，进而逐层获取表面所含成分信息，主要用来表征元素沿样品深度方向上浓度的变化。为研究 B$^+$注入 60NiTi 合金靶后，靶近表面沿深度方向的元素分布，确定注入离子的深度，以及对表面靶原子分布的影响规律，对离子注入试样采用 XPS 全元素深度剖析，结果如图 5-2 所示。

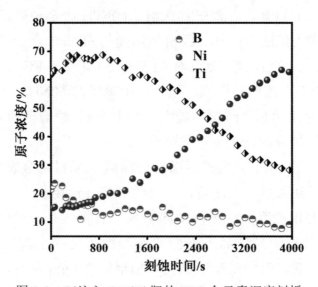

图 5-2　B$^+$注入 60NiTi 靶的 XPS 全元素深度剖析

由图可知，60NiTi 合金靶近表面，Ti 和 B 原子的原子分数要远大于 Ni 原子，说明，B^+离子注入会使得合金靶表面形成富 Ti/B 原子层，这是由于入射原子与靶原子发生级联碰撞时，Ni 原子更容易发生移位，而向内表面迁移。随着刻蚀时间的延长，Ti 与 B 原子的含量会先增加，尔后下降，与此同时，Ni 原子的含量增加，最终在刻蚀时间为 2800 s 时，Ni 原子含量超过 Ti 原子，随后 Ni 原子的含量仍会急剧增加，说明被撞击而发生移位的 Ni 原子主要集中在此区域。

5.4　表面形貌

原子力显微镜（AFM）能够在特定环境下获取待测试样的表面形貌、粗糙度以及力学等信息，分辨水平能够达到原子级，但原子力显微镜的扫描范围较小，无法准确反映宏观表面粗糙度的变化。白光干涉利用光学干涉原理，同样可以获取表面粗糙度，且相较于原子力显微镜，扫描范围较大，可获取较大范围内的表面信息。考虑到离子注入过程会改变目标靶的表面形貌以及粗糙度[149,150]，为研究 B^+离子注入以及退火处理前后表面形貌的演变过程，图 5-3、图 5-4 分别给出了 60NiTi 合金靶在不同处理条件下的表面原子力 3D 显微镜图像以及表面粗糙度分布。

由图 5-3（a）可知，在离子注入前，60NiTi 合金经砂纸打磨和机械抛光后，表面存在大量的微凸体，经机械抛光的 60NiTi 合金靶表面注入剂量为 1×10^{16} ions/cm² 的 B^+离子后，如图 5-3（b）所示，靶表面微凸体基本消失，但会出现若干小凸起和微坑。当注入 B^+离子的 60NiTi 合金靶经 400 ℃ 和 500 ℃ 低真空退火后，凸起的最大高度由 6 nm 激增至约 40 nm，这主要是由于退火过程晶粒的长大所致[151,152]。

图 5-4 为采用白光干涉所得表面处理前后 60NiTi 合金表面粗糙度分布。可以看出，离子注入后，表面粗糙度由约 0.35 μm 减小至约 0.25 μm，离子注入过程靶表面粗糙度的这一演变趋势与已有报道是一致的[149,150,153]，这主要归功于入射离子与样品近表面的反冲原子碰撞引起的表层原子的溅射。经退火处理后，表面粗糙度又会增加至约 0.7 μm 左右，这是由于退火时，针状 Ni_4Ti_3 晶粒的长大以及粗大 Ni_3Ti 稳态析出相的形成[68,154]。

(a) 未处理 60NiTi

(b) B$^+$离子注入 60NiTi

(c) B$^+$离子注入 60NiTi/400℃退火

(d) B$^+$离子注入 60NiTi/500℃退火

图 5-3 表面处理前后 60NiTi 合金表面 AFM 图

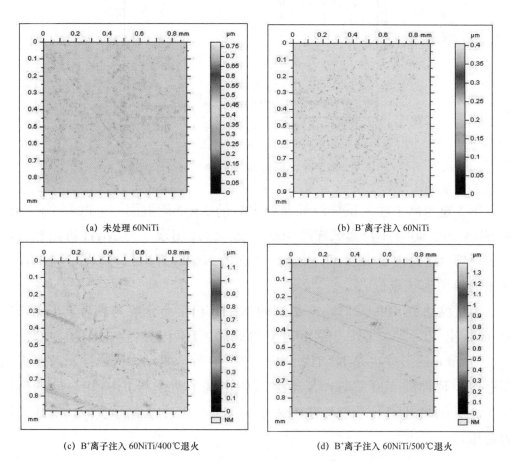

(a) 未处理 60NiTi

(b) B$^+$离子注入 60NiTi

(c) B$^+$离子注入 60NiTi/400℃退火

(d) B$^+$离子注入 60NiTi/500℃退火

图 5-4 表面处理前后 60NiTi 合金表面粗糙度分布

5.5 物相组成与微观结构

对未处理、B⁺离子注入以及 B⁺离子注入＋退火处理的 60NiTi 合金试样进行 X-射线衍射分析,以表征表面和退火处理过程中合金试样物相的演变。图 5-5 为固溶态 60NiTi 合金在离子注入前后的 XRD 衍射图谱。显然,60NiTi 基体主要由 B2 NiTi 相和 Ni_4Ti_3 析出相组成。当注入 1×10^{16} ions/cm² 剂量的 B⁺离子后,没有新的 X-衍射峰出现,这说明近室温的离子注入不会引发 60NiTi 中新相的形成, 也有可能析出相很细小或者是非晶态[147]。

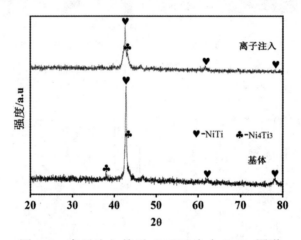

图 5-5　离子注入前后 60NiTi 合金 XRD 图谱

图 5-6 为离子注入试样经低温退火后的 XRD 衍射图。可以看出,当注入 B⁺离子的 60NiTi 合金试样经 400 ℃退火后,出现了与 Ni_3Ti 析出相对应的衍射峰,这是由于 B2 NiTi 基体相表面的 Ni_4Ti_3 析出相可以作为 Ni_3Ti 平衡相的异质形核点位[76]。

当温度达到 400 ℃时,亚稳态的 Ni_4Ti_3 相将会分解为热力学平衡态的 Ni_3Ti 析出相[67,76]。此外,经 400 ℃退火后,还可观察到 TiO_2 衍射峰的存在,而 TiO_2 的形成也是 Ni_3Ti 析出相产生的另一驱动力[155,156]。当退火温度进一步延伸到 500 ℃时,X-衍射谱中出现了两个与 TiB_2 相对应的衍射峰,说明在此温度下,注入的 B⁺离子与靶基体产生了化学反应,形成硬质陶瓷相。

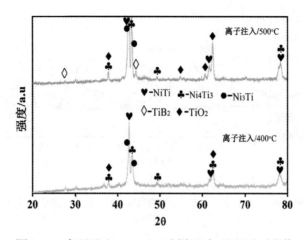

图 5-6 离子注入 60NiTi 试样退火后 XRD 图谱

为进一步表征注入 B⁺离子的 60NiTi 合金经退火后表面的化学态，图 5-7 给出了经离子注入试样经 400 ℃退火后表面的 X-射线光电子能谱（XPS）分析结果。由图 5-7（a）可知，B⁺离子注入试样经 400 ℃退火处理后，Ti 2p 在结合能为 464.30 eV 和 458.50 eV 处分别存在一个 2$p_{1/2}$ 和 2$p_{3/2}$ 能谱峰，且两能谱峰间距为 5.8 eV，表现为 Ti^{4+} 的特征能谱峰[90]，说明 Ti 在表面主要以 TiO₂ 的形成存在。

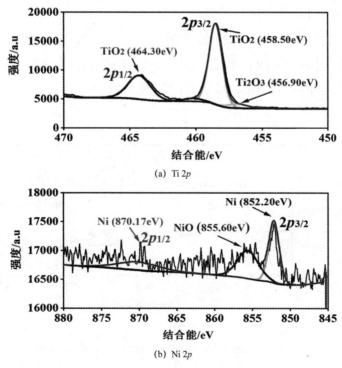

(a) Ti 2p

(b) Ni 2p

图 5-7 B⁺离子注入 60NiTi/400℃退表面 XPS

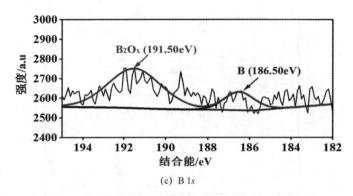

(c) B 1*s*

图 5-7　B⁺离子注入 60NiTi/400℃退表面 XPS（续）

此外，Ti 2*p* 在结合能为 456.90 eV 处还可观察到一个弱峰，这说明表面还存在少量的 Ti₂O₃[157]。而对于 Ni 2*p* 而言，由图 5-7（b）可以发现，Ni 2*p*₁/₂ 和 Ni 2*p*₃/₂ 峰所对应的结合能分别为 870.17 eV 和 852.20 eV，这与 NIST XPS 数据库中金属 Ni 的特征峰相吻合，而且 Ni 2*p* 在结合能为 855.60 eV 处也观测到一个弱能谱峰，这与 NiO 中 Ni²⁺特征峰相对应。以上结果表明，在 400 ℃低真空退火的条件下，Ni 是很难被氧化的。此外，在 B 1*s* 的 XPS 谱中可观察到两个明显的峰，如图 5-7（c）所示，其结合能为 191.50 eV 和 186.50 eV，分别对应于低价氧化硼[158]和单质硼[159]，说明在此退火条件下，注入的 B⁺已然开始氧化。

当退火温度增加到 500 ℃时，如图 5-8 所示，Ni 2*p* XPS 图谱与 400 ℃退火试样基本一致，然而，Ti 2*p* XPS 图谱在结合能为 454.40 eV 处出现一个新峰，其与文献中报道的 TiB₂的特征峰相吻合[160]。

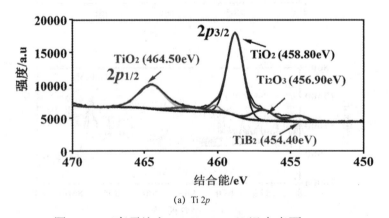

(a) Ti 2*p*

图 5-8　B⁺离子注入 60NiTi/500℃退火表面 XPS

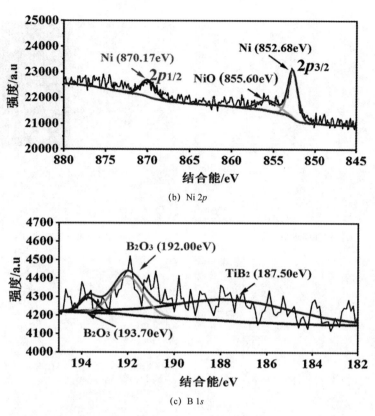

(b) Ni 2p

(c) B 1s

图 5-8　B⁺离子注入 60NiTi/500℃退火表面 XPS（续）

而且，在图 5-8（c）de B1s XPS 图谱中，也可观察到 TiB₂ 的特征峰（结合能为 187.5 eV）的存在，进一步确认了 TiB₂ 的形成，这与前期 XRD 的分析结果是一致的。此外，B 1s XPS 图谱在结合能为 192 eV 和 193.7 eV 处还存在两个峰，与文献中报道的 B₂O₃ 特征峰相匹配[161,162]，说明在 500 ℃ 低真空退火条件下，部分 B⁺离子已被氧化成 B₂O₃。

图 5-9 为 60NiTi 合金试样表面处理前后的 SEM 图。可以看出，离子注入前，固溶态 60NiTi 合金试样表面光滑，无肉眼可见析出相，如图 5-9（a）所示。需要说明的是，XRD 探测到的 Ni₄Ti₃ 析出相并未在 SEM 图中观察到，其原因在于淬火时，Ni₄Ti₃ 迅速形核，使其晶粒处在纳米尺度，很难用扫描电镜来分辨[76]。当表面注入 B⁺离子后，如图 5-9（b）所示，60NiTi 合金靶表面未见明显损伤以及新相析出，而且 EDS 元素面分布分析表明，注入的 B⁺离子均匀分布在合金靶表面。

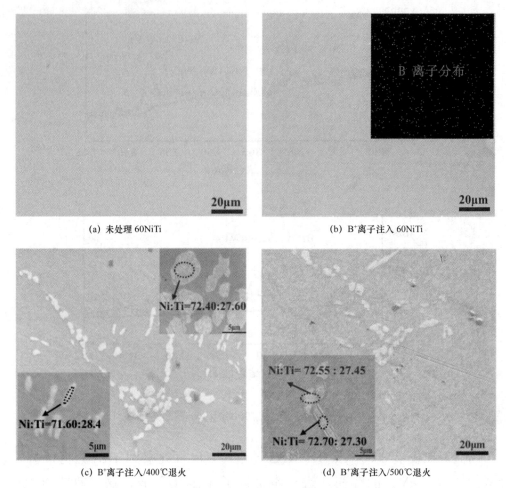

(a) 未处理 60NiTi   (b) B⁺离子注入 60NiTi

(c) B⁺离子注入/400℃退火   (d) B⁺离子注入/500℃退火

图 5-9   60NiTi 合金试样表面处理前后的 SEM 图

当注入 B⁺离子的 60NiTi 合金在 400 ℃和 500 ℃下进一步低真空退火后，表面可观察到明显的析出相，选区 EDS 分析表明，析出相中 Ni 与 Ti 原子的之比在 71:29 与 73:27 之间，说明析出相主要为 Ni_3Ti[75]，这与上述 XRD 的分析结果是一致的。Ni_3Ti 的析出主要是因为 60NiTi 是一种富镍的镍钛合金，其高温相为奥氏体 B2 TiNi 相，固溶处理后，快速冷却过程中亚稳态沉淀相 Ni_4Ti_3 会迅速成核，最终在 B2 TiNi 相表面形成纳米级 Ni_4Ti_3 相[76]。而在退火的缓慢冷却过程中（炉冷），亚稳态沉淀相 Ni_4Ti_3 会沿着 $Ni_4Ti_3 \rightarrow Ni_3Ti_2 \rightarrow Ni_3Ti$ 路径进行析出相的转化，最终导致基体相表面析出热力学平衡态的 Ni_3Ti 相[77]。

5.6 机械性能

纳米压痕的基本理论方法主要基于 Oliver-Pharr 方法提出的轴对称压头的几何形状与待测试样表面压入深度间对应的关系[131]。本部分采用纳米压痕表征 60NiTi 合金在表面处理前后的力学性能演变，其结果如图 5-10 所示。图 5-10（a）为不同试样在纳米压痕测试过程中的压入载荷与深度关系曲线，用于拟合计算待测试样的硬度和弹性模量沿深度方向的分布。图 5-10（b）到图 5-10（d）是通过拟合计算获得的硬度（H）、弹性模量（E）以及 H/E 和 H^3/E^2。

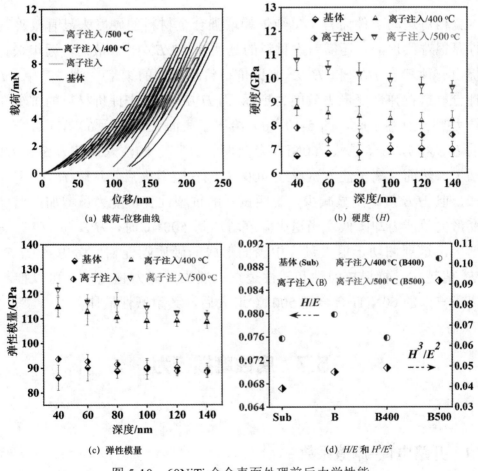

图 5-10 60NiTi 合金表面处理前后力学性能

显然，注入 1×10^{16} ions/cm^2 剂量的 B$^+$离子后，60NiTi 合金近表面（压入深度约 40 nm）的硬度和弹性模量分别由 6.72 ± 0.12 GPa 和 86.19 ± 5.09 GPa 增加到 7.9 ± 0.12 GPa 和 93.73 ± 0.34 GPa。然而，当压入深度进一步增大时，离子注入试样的硬度和弹性模量逐渐减小至接近未植入离子的 60NiTi，这表明，B$^+$离子的注入只可增强 60NiTi 合金近表面的硬度和弹性模量，强化机理主要源于高能入射离子与靶原子间级联碰撞所形成的晶体缺陷[163]。当植入 B$^+$离子的 60NiTi 合金试样经低真空退火后，试样近表面的硬度和弹性模量明显增强，而且这种强化效应与退火温度间存在正相关性。在退火温度达到 500 ℃时，试样近表面的硬度和弹性模量达到最大值，分别为 10.78 ± 0.45 GPa 和 121.87 ± 2.55 GPa。退火对硬度和弹性模量的强化效应主要归功于退火过程中在近表面形成的 TiO_2、TiB_2 以及 B_2O_3 硬质陶瓷相。

就相对运动部件而言，单纯依赖增强合金材料的硬度来显著改善其耐磨性是很难实现的，还需考虑材料的延展性（$1/E$）[34]。故而，近年来有学者提出一种基于 H/E 和 H^3/E^2 来评价材料耐磨性的策略[57-60]，其中，H/E 是评价材料抗弹性变形失效能力指标，而 H^3/E^2 则用来评价材料的抗塑性变形能力[60]。有鉴于此，图 5-10（d）给出了表面处理前后 60NiTi 合金近表面的 H/E 和 H^3/E^2。显然，60NiTi 合金表面 B$^+$离子的注入使其 H/E 和 H^3/E^2 值增大。然而，离子注入试样经 400 ℃低真空退火后，尽管 H^3/E^2 进一步增加，但 H/E 值却明显减少，说明试样的抗塑性变形能力虽增加，但抗弹性变形失效能力却降低。当退火温度增加到 500 ℃时，H/E 和 H^3/E^2 均显著增大，这要归功于退火过程中表面形成的硬质陶瓷相。考虑到 H/E 和 H^3/E^2 值越大，材料抗弹性和塑性裂纹扩展失效能力越强[60]，可以推断，B$^+$离子植入的 60NiTi 合金经 500 ℃退火后，其耐磨性最佳。

5.7　腐蚀磨损行为

5.7.1　开路电位–摩擦系数

图 5-11 为氮化硅球与表面处理前后 60NiTi 合金构成的滑动摩擦体系在

人工海水中做相对滑动时，摩擦系数（CoF）和开路电位（OCP）随测试时间的变化曲线图。需要说明的是，腐蚀磨损实验中，为了对比研究摩擦过程对自腐蚀电位的影响，前 5 min 和后 5 min 不加载荷，且在整个实验过程，CoF 和 OCP 通过同一软件进行实时采集，以确保 CoF 和 OCP 曲线演变的同步性。

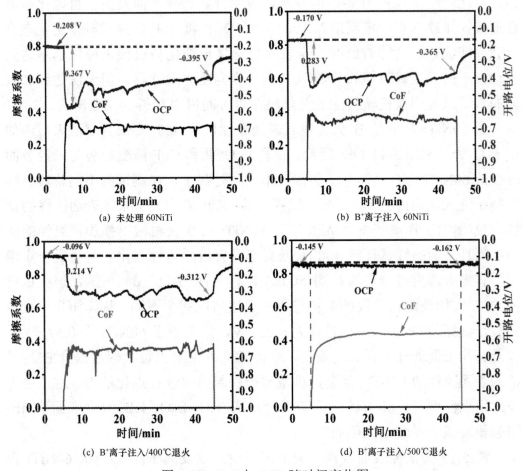

图 5-11　CoF 与 OCP 随时间变化图

在腐蚀磨损实验的第一阶段（前 300 s），即待测试样处在运动状态，但并未加载载荷。三电极电化学体系所测 60NiTi 合金在人工海水中的 OCP 平均值约为-0.208 V，表面注入 1×10^{16} ions/cm² 剂量的 B⁺离子后，开路电位值由-0.208 V 增加至-0.170 V。当离子注入试样经 400 ℃和 500 ℃退火后，试样开路电位分别增至-0.096 V 和-0.145 V。显然，试样在相同测试条件下，经表面处理的试样相较于未处理 60NiTi，OCP 均向正移，说明 B⁺

离子注入和离子注入/退火均可增强 60NiTi 合金的抗腐蚀能力。

一旦加载载荷，即实验的第二阶段，未经离子注入表面改性的 60NiTi 试样，其 OCP 随 CoF 的增加而急剧负移至约-0.575 V，表明 60NiTi 合金的耐腐蚀性因机械磨损而急剧退化，这主要是由于在滑动载荷作用下，接触表面钝化膜破碎和脱落所造成的[34]。当 OCP 到达最低点后，转而向正向迁移，与此同时，CoF 开始逐渐减小，说明合金试样表面发生了再钝化，而且形成钝化膜具有一定润滑效应。随后，OCP 和 CoF 保持相对稳定状态直至载荷卸载，这意味着此时合金表面电化学再钝化与机械去钝化基本达到了动态平衡。当载荷卸载后，OCP 进一步向正方向迁移，但无法达到加载前的水平，说明被机械去除的钝化膜在短时间内很难得到完全重构。

当 60NiTi 合金经 B^+ 离子注入表面改性以及 400 ℃低真空退火后，如图 5-11（b）和图 5-11（c）所示，试样的 OCP 和 CoF 演变趋势与未经表面改性的 60NiTi 合金试样基本类似。不同之处在于，在测试的不同阶段，经 B^+ 离子注入表面改性的 60NiTi 试样，其 OCP 值均大于未经表面改性的试样，说明表面 B^+ 离子的注入改善了 60NiTi 合金抗机械磨损加速腐蚀的能力，而且表面改性试样经 400 ℃低真空退火后，这种强化效益会进一步增强。将退火温度进一步增加到 500 ℃时，如图 5-11（d）所示，退火试样的 OCP 在加载测试阶段的变化过程与上述情况完全不同。从施加载荷直至卸载，试样的 OCP 的负移量仅为 0.023 V，显著小于 60NiTi（−0.575 V）以及其他表面处理试样。这表明，500 ℃低真空退火可大幅度提升 B^+ 离子植入表面改性的 60NiTi 合金抗机械磨损引起的耐蚀性退化能力。这是由于在此退火温度下，60NiTi 合金表面会形成 TiO_2-B_2O_3-TiB_2 复合表面，TiB_2 增强相缓减了表面保护层的破坏。

图 5-12 为未经表面改性、表面离子注入以及离子注入/退火 60NiTi 合金在人工海水介质中腐蚀磨损过程的体积磨损率。显然，表面离子注入试样的体积磨损率相较于未改性试样有所减少，这主要得益于离子植入后，60NiTi 合金表面 H/E 和 H^3/E^2 值的增加，如图 5-10（d）所示。当离子注入试样在 400 ℃低真空退火后，体积磨损率与未退火前基本相当，这是因为退火处理尽管增加了表面的 H^3/E^2 值，但 H/E 值却减小，抗弹性变形失效能力退化。然而，将退火温度增加到 500 ℃时，试样体积磨损率却降低了一个数量级，表明 60NiTi 合金经表面 B^+ 离子注入和 500 ℃低真空退火后，人工海水中抗腐蚀磨损失效能力显著增强，这要归功于退火过程形成的硬

度陶瓷相的强化效应。

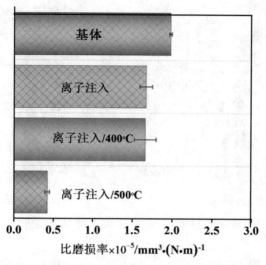

图 5-12 表面改性前后 60NiTi 合金的体积磨损率

5.7.2 磨痕表面分析

图 5-13 为表面处理前后 60NiTi 合金试样在人工海水中腐蚀磨损测试后，磨痕表面光学显微图。未经表面处理的 60NiTi 磨痕较宽，达到 392.94 μm，当 60NiTi 经 B^+ 离子注入表面改性后，磨痕宽度减小至 375.87 μm。当离子注入试样经 400 ℃和 500 ℃退火后，磨痕宽度相较于未表面改性的 60NiTi 试样，分别减小了约 13.48%和 44.34%。

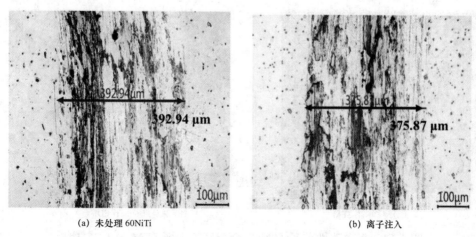

(a) 未处理 60NiTi   (b) 离子注入

图 5-13 表面改性前后 60NiTi 合金磨痕表面光学显微图

 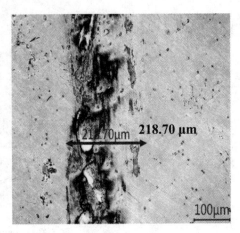

(c) 离子注入/400℃退火　　　　　　　(d) 离子注入/500℃退火

图 5-13　表面改性前后 60NiTi 合金磨痕表面光学显微图

　　为进一步获取磨痕表面特征，采用高倍扫描电子显微镜（SEM），对磨痕内选区进行观察，并利用 EDS 能谱，分析选区的元素分布，其结果如图 5-14 所示。从高分辨扫描电子显微图可以看出，未经表面离子植入改性的 60NiTi 合金磨痕区有明显被剥落的痕迹，如图 5-14（a）所示，且存在明显裂纹。选区 EDS 元素分析发现，如图 5-14（b）所示，裂纹萌生区（选区 2）和断裂缺口处（选区 3）含有大量的氧元素，而未剥落区（选区 1)和剥落区(选区 4)则均未检测到氧的存在，说明表面氧化物相较于 60NiTi 基体更容易被摩擦剪切力去除，这是由于氧化过程中，Ti 原子会向外表面迁移，这使得基体对 Ti 原子的束缚作用减弱，导致与基体界面间的结合力较弱。

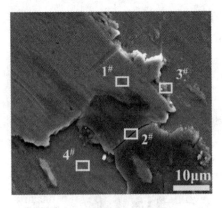

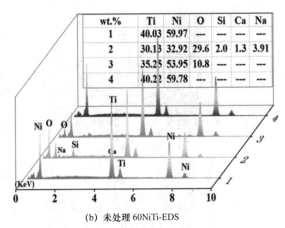

wt.%	Ti	Ni	O	Si	Ca	Na
1	40.03	59.97	---	---	---	---
2	30.13	32.92	29.6	2.0	1.3	3.91
3	35.25	53.95	10.8	---	---	---
4	40.22	59.78	---	---	---	---

(a) 未处理 60NiTi-SEM　　　　　　　(b) 未处理 60NiTi-EDS

图 5-14　表面改性前后 60NiTi 合金磨痕表面 SEM 与 EDS 分析

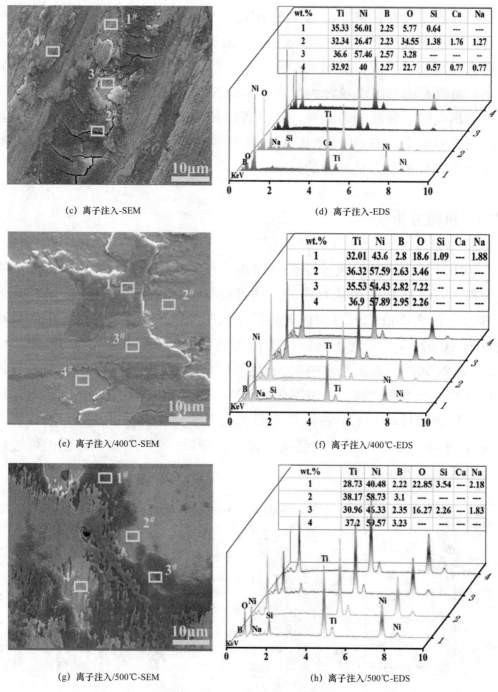

图 5-14　表面改性前后 60NiTi 合金磨痕表面 SEM 与 EDS 分析

当 60NiTi 合金表面注入 B$^+$离子后，如图 5-14（b），磨痕表面会出现严重的微裂纹，这是由于离子注入过程会产生残余应力，进而在摩擦作用下引发微裂纹的形成。选区 3$^#$的 EDS 分析发现，剥离区仍含有较多的 B 元素，说明植入层还没有被磨穿。当注入 B^+ 离子的 60NiTi 合金经 400 ℃ 真空退火后，磨痕表面微裂纹基本消失，这是由于离子注入过程形成的残余应力在退火时得到了释放。将退火温度进一步增加到 500 ℃，如图 5-14（h）所示，磨损表面会出现包含大量氧和少量 Si、Na 元素的黑色区域，而且表层的剥离现象明显减弱。此外，磨痕表面被剥离区域（选区 2 和选区 4）检测到相对较多的 B，说明表面 TiB_2 的存在对改善 60NiTi 合金抗亚表面微裂纹萌生和扩展能力是有益的。

5.7.3　机理分析

60NiTi 合金在人工海水中的开路电位在载荷作用下，会向负方向大幅度偏移（$-0.575\,V$），表明存在严重的磨损加速腐蚀作用，而合金试样经表面 B^+ 离子注入/500 ℃ 低真空退火后，在相同测试条件下，开路电位的负移量仅为 $-0.024\,V$，表现出强的抗磨损加速腐蚀能力。此外，B^+ 离子注入/500 ℃ 退火试样在人工海水中腐蚀磨损条件下的体积磨损率相较于未处理试样降低了一个数量级，说明表面处理亦可显著提升 60NiTi 合金在海洋环境中的抗磨损性能。本节将结合前期表面力学性能表征以及热力学计算，对 B^+ 离子注入/500 ℃ 退火的强化机理进行分析，图 5-15 为表面改性过程中，近表面演变示意图。

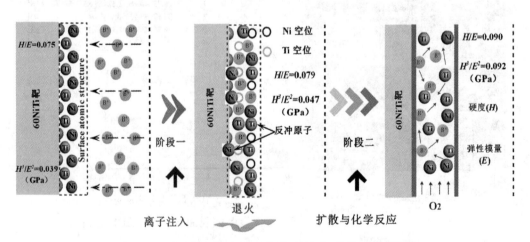

图 5-15　离子注入以及退火处理的表面强化机理图

在离子注入 60NiTi 试样表面过程中，高能 B^+ 离子与靶原子间的级联碰撞，引发晶体结构中形成空位以及其他缺陷，促使表面 H/E 和 H^3/E^2 增加，从而使其抗腐蚀磨损性能有所提高。然而，离子注入过程形成的残余应力会导致磨痕表面形成大量微裂纹，经 500 ℃低真空退火处理后，残余应力得到释放，微裂纹产生的驱动力得以消除。与此同时，注入的 B^+ 离子会扩散并在低真空度条件下与 NiTi 相发生反应，在表面形成硬质陶瓷相。为验证 XRD 和 XPS 分析结果的正确性，采用 HSC 化学软件计算了相关化学反应在 500 ℃下的吉布斯自由能变（ΔG），以评估化学反应在热力学上发生的可行性，结果如下：

$$3NiTi + 4B^+ = 2TiB_2 + Ni_3Ti - 4e^-$$

$$\Delta G_{500\ ℃} = -5341.19\ kJ \tag{5-2}$$

$$2NiTi + 4B^+ + O_2(g) = 2TiB_2 + 2NiO - 4e^-$$

$$\Delta G_{500\ ℃} = -5587.69\ kJ \tag{5-3}$$

$$TiB_2 + 2.5O_2(g) = TiO_2 + B_2O_3$$

$$\Delta G_{500\ ℃} = -1604.10\ kJ \tag{5-4}$$

$$3NiTi + 2O_2(g) = 2TiO_2 + Ni_3Ti$$

$$\Delta G_{500\ ℃} = -1576.80\ kJ \tag{5-5}$$

由反应式（5-2）可知，B^+ 离子与 NiTi 发生化学反应形成 TiB_2 的吉布斯自由能变（ΔG）小于零，表明在 500 ℃时，B^+ 与 NiTi 发生反应形成 TiB_2 在热力学上是完全可行的。而且当氧参与化学反应时，如反应式（5-3），ΔG 更负，这说明反应体系中氧的存在更利于表面 TiB_2 陶瓷强化相的形成。由反应式（5-4）可发现，形成的 TiB_2 会进一步与 O_2 发生化学反应，形成 B_2O_3 和 TiO_2，这与 XPS 的分析结果相吻合。此外，NiTi 相在退火过程中的氧化[反应式（5-5）]是表面 TiO_2 形成的另一原因。以上热力学计算结果证实了表面硬质陶瓷相形成的可行性，而陶瓷相对表面的强化效应使近表面的 H/E 和 H^3/E^2 急剧增加，从而显著提升了 60NiTi 合金抗腐蚀磨损损伤的能力。

5.8　本章小结

本章采用离子注入技术，将 B^+ 离子注入 60NiTi 合金表面并在低真空度下退火，利用 TiB_2 增强相强化表面 TiO_2 层硬度，实现 60NiTi 合金 TiO_2-B_2O_3-TiB_2 复合表面的构筑。着重考察了表面形貌、物相组成以及机械性能在表面改性过程的演变，研究了改性前后试样在海水介质中的腐蚀磨损行为并分析了表面强化机理，所得主要结论如下：

（1）B^+离子注入会引发 60NiTi 表面原子的重构，而且 Ni 原子相较于 Ti 原子更容易在级联碰撞中发生移位而向内表面迁移，这将促使近表面形成富 Ti/B 层，而次表面则聚集有较多的 Ni 原子。

（2）在近室温条件下，注入 $1×10^{16}$ ions/cm² 剂量的 B^+ 不能促使新物相的形成，但会增加近表面的硬度（H）和弹性模量（E），这要得益于高能 B^+ 与 60NiTi 靶反冲原子间的级联碰撞引发的表面晶格重构。

（3）表面 B^+离子注入会在一定程度上增强 60NiTi 合金的耐腐蚀以及抗腐蚀磨损损伤能力，但因离子注入过程中高能 B^+离子与靶反冲原子间的级联碰撞会产生残余应力，进而导致磨痕区出现大量微裂纹。

（4）退火处理可释放离子注入时产生的残余应力，进而消除试样磨痕区的微裂纹。表面注入 B^+的 60NiTi 试样经 500 ℃低真空退火处理后，在海水介质下腐蚀磨损过程中，自腐蚀电位基本不会发生负移，同时体积磨损率减少了约 78%，抗腐蚀磨损损伤能力显著增强。这是由于退火中形成了包含 TiB_2 强化相的 TiO_2-B_2O_3-TiB_2 复合表面，对基体起到了保护作用。

6 结论与展望

6.1 结 论

结合摩擦学与电化学测试技术，考察了轻质抗磨耐蚀材料 60NiTi 合金在海水介质中的腐蚀磨损性能，探讨了腐蚀与磨损的交互作用，并结合原子尺度第一性原理计算分析了腐蚀加速磨损和磨损加速腐蚀机理；构建了三元合金化体系，通过腐蚀磨损过程 Ti-Hf 复合钝化作用提升了 60NiTi 合金抗腐蚀磨损损伤能力，并探讨了合金化元素的作用机理；采用离子注入/低真空退火的表面改性方法，实现了 60NiTi 合金抗磨损耐腐蚀一体化 TiO_2-B_2O_3-TiB_2 表面的构筑，并结合热力学计算探讨了内在作用机制。本研究的主要结论如下：

（1）海水介质中 1 N、5 N 以及 10 N 载荷作用下，固溶态 60NiTi 合金的自腐蚀电位均显著高于典型海洋工程材料 Ti6Al4V，而体积磨损率相较于后者减少了约 80%。局部剥离是 60NiTi 合金在海水介质中腐蚀与磨损共同作用下的主要失效形式，且粗大 Ni_3Ti 析出相的存在会对其抗腐蚀磨损损伤能力造成不利影响。

（2）腐蚀磨损工况下，60NiTi 合金磨痕区的微裂纹均产生于氧化层或富含氧化物的表面，这是由于摩擦去钝化引起腐蚀动力学显著增加，形成腐蚀产物覆盖在合金表面。而腐蚀反应一方面会捕获表面 Ni、Ti 原子间的成键电子，导致 Ni-Ti 原子间作用力减弱；另一方面，腐蚀产物与基体间的结合力弱于合金表面原子间结合力，这就使得腐蚀产物表面或者覆盖有腐蚀产物的外表层更容易形成微裂纹。腐蚀产物剥离与再生的交替演变，最终导致严重的腐蚀加速磨损。而磨损加速腐蚀则是由于法向载荷作用下的摩擦去钝化导致合金新鲜表面暴露在腐蚀介质中进而显著增加腐蚀反应动力学，直至完成再钝化。从去钝化到实现完全再钝化需要一定时间，而且再钝化形成的保护层在下次接触时，又会被去除，再次出现去钝化。去钝化-再钝化-去钝化的交替出现，最终导致了磨损加速腐蚀效应。

（3）掺入少量 Hf 元素可在不降低 60NiTi 合金力学性能的前提下，提高其在海水介质中的抗腐蚀磨损损伤能力。通过腐蚀磨损过程中 Ti-Hf 的复合钝化作用可使 60NiTi 合金在人工海水中静态自腐蚀电位正向迁移约 28%，磨蚀工况下的自腐蚀电位正向迁移 10% 以上，这是由于钝化膜中 Hf 氧化物对合金表面价电子的屏蔽能力比 Ti 氧化物强。此外，少量 Hf 元素还可将 60NiTi 的 H/E 以及 H^3/E^2 值分别由 0.073 和 0.038 提升至 0.092 和 0.055，抗弹性和抗塑性失效能力增强，磨蚀过程的体积磨损率下降约 14%。

（4）控制退火温度，可使 B⁺ 离子注入 60NiTi 合金获得机械性能和抗腐蚀磨损性能优异的复合表面。B⁺ 离子注入表面改性过程中的级联碰撞会诱发 60NiTi 近表面原子的重构，从而使近表面形成富 Ti/B 层。近室温条件下的离子注入不会引发新物相的形成，但会增加表面硬度和弹性模量，这要归功于高能入射离子对靶表面的碰撞强化。B⁺ 离子会增强 60NiTi 在海水介质中的耐腐蚀以及抗腐蚀磨损能力，但由于高能入射 B⁺ 离子与靶反冲原子间的级联碰撞会在表面产生残余应力，导致磨痕表面出现大量微裂纹。离子注入试样经 500 ℃ 退火后，表面形成了 TiO_2-B_2O_3-TiB_2 复合保护层，TiB_2 增强相强化了表面 TiO_2 层硬度。复合表面的 H/E 以及 H^3/E^2 值与基体相比，分别由 0.075 和 0.039 提升至 0.090 和 0.092，抗弹性和塑性变形失效能力显著增强。在腐蚀磨损条件下，自腐蚀电位与未改性表面相比正向迁移了约 72%，总体积磨损率则降低了约 78%。

6.2　展　望

本研究考察了新型轻质耐蚀材料 60NiTi 合金在人工海水中磨蚀条件下腐蚀磨损行为及其演变机理，初步探索了 60NiTi 合金抗腐蚀磨损损伤的防护策略，达到了强化其耐腐蚀与抗磨损性能的目标，但仍存在以下问题需待深入研究：一是扩大模拟计算的尺度。原子尺度的第一性原理计算在描述原子间或者分子与原子间相互作用（如金属表面的钝化以及钝化表面与环境介质中分子和离子间化学反应）时，能给出满足要求的精度，但无法模拟材料表面以及内部微裂纹的萌生和扩展演变过程，更无法描述多晶体中晶间和晶内损伤。二是考虑在表面注入多种活性离子进行协同强化，并采用有效控制手段，在表面形成润滑相，以实现减摩-耐腐-抗磨的协调统一。

参考文献

［1］ 杨华勇，周华，路甬祥. 水液压技术的研究现状与发展趋势［J］. 中国机械工程，2000，11（12）：1430-1430.

［2］ 徐丽萍，毛杰，张吉阜，等. 表面工程技术在海洋工程装备中的应用［J］. 中国材料进展，2014，33（1）：1-8.

［3］ 严新平，白秀琴，袁成清. 试论海洋摩擦学的内涵、研究范畴及其研究进展［J］. 机械工程学报，2013，49（19）：95-103.

［4］ 刘二勇，曾志翔，赵文杰. 海水环境中金属材料腐蚀磨损及耐磨防腐一体化技术的研究进展［J］. 表面技术，2017，46（11）：161-169.

［5］ Wood R J K. Marine wear and tribocorrosion［J］. Wear，2017（376）：893-910.

［6］ Celis J P, Ponthiaux P. Testing tribocorrosion of passivating materials supporting research and industrial innovation: Handbook (EFC 62)［M］. London: Routledge, 2012.

［7］ 中国科学技术协会. 2014—2015 机械工程学科发展报告（摩擦学）［M］. 北京：中国科学技术出版社，2016.

［8］ "中国工程科技发展战略研究"海洋领域课题组. 中国海洋工程科技2035 发展战略研究［J］. 中国工程科学，2017，19（1）：108-117.

［9］ 谢友柏. 摩擦学系统的系统工程［J］. 润滑与密封，1988（6）：3-12.

［10］ Yan C, Zeng QF, Xu Y T, et al. Microstructure, phase and tribocorrosion behavior of 60NiTi alloy［J］. Applied Surface Science, 2019(498): 143838.

［11］ Zhang B B, Wang J Z, Zhang Y, et al. Comparison of tribocorrosion behavior between 304 austenitic and 410 martensitic stainless steels in artificial seawater［J］. Rsc Advances, 2016, 6(109): 107933-107941.

［12］ Zhang B B, Wang J Z, Liu H, et al. Assessing the tribocorrosion performance of nickel-aluminum bronze in different aqueous environments ［J］. Tribology Transactions, 2019, 62(2): 314-323.

［13］ Chen J, Zhang Q, Wang J Z, et al. Electrochemical effects on the corrosion-wear behaviors of NiCrMo-625 alloy in artificial seawater solution ［J］. Tribology Transactions, 2016, 59(2): 292-299.

［14］ Zhang B B, Wang J Z, Yan F Y. Load-dependent tribocorrosion behaviour of nickel-aluminium bronze in artificial seawater ［J］. Corrosion Science, 2018(131): 252-263.

［15］ Zhang B B, Wang J Z, Yuan J Y, et al. Tribocorrosion behavior of nickel aluminum bronze in seawater: Identification of corrosion-wear components and effect of pH ［J］. Materials and Corrosion, 2018, 69(1): 106-114.

［16］ Mischler S, Debaud S, Landolt D. Wear-accelerated corrosion of passive metals in tribocorrosion systems ［J］. Journal of the Electrochemical Society, 1998, 145(3): 750-758.

［17］ Munoz A I, Espallargas N, Mischler S. Tribocorrosion ［M］. Gewerbestrasse: Springer Nature Switzerland AG, 2020.

［18］ Espallargas N, Torres C, Munoz A I. A metal ion release study of CoCrMo exposed to corrosion and tribocorrosion conditions in simulated body fluids ［J］. Wear, 2015(332): 669-678.

［19］ Landolt D, Mischler S. Tribocorrosion of passive metals and coatings ［M］. Sawston: Woodhead Publishing Limited, 2011.

［20］ Von der Ohe C B, Johnsen R, Espallargas N. Modeling the multi-degradation mechanisms of combined tribocorrosion interacting with static and cyclic loaded surfaces of passive metals exposed to seawater ［J］. Wear, 2010, 269(7-8): 607-616.

［21］ Von der Ohe C B, Johnsen R, Espallargas N. A multi-degradation test rig for studying the synergy effects of tribocorrosion interacting with 4-point static and cyclic bending ［J］. Wear, 2011, 271(11-12): 2978-2990.

［22］ 刘起成. 锚链腐蚀与磨损耦合损伤机理与评估方法 ［D］. 大连: 大连理工大学，2015.

［23］ 乔东生，康占宾，闫俊，等. 考虑平面外弯曲的锚链磨损腐蚀联合作

用分析［J］. 哈尔滨工程大学学报，2019，40（7）：1194-1200.

［24］ 王英芹，邱实，慕仙莲. 飞机起落架机构不同配副材料的腐蚀磨损行为［J］. 腐蚀与防护，2021，42（6）：52-56.

［25］ 罗超华，冯声波. 立式斜流海水泵的长周期运行改进措施［J］. 水泵技术，2015（1）：26-29.

［26］ Zhang B B，Wang J Z，Zhang Y，et al. Tribocorrosion behavior of 410SS in artificial seawater：effect of applied potential［J］. Materials and Corrosion，2017，68（3）：295-305.

［27］ 曾群锋，许雅婷，林乃明. 304 不锈钢在人工海水环境中的腐蚀磨损行为研究［J］. 表面技术，2020，49（1）：194-202，212.

［28］ Gao R P, Liu E Y, Zhang Y X, et al. Tribocorrosion behavior of SAF 2205 duplex stainless steel in artificial seawater［J］. Journal of Materials Engineering and Performance, 2019, 28(1): 414-422.

［29］ Vignal V, Mary N, Ponthiaux P, et al. Influence of friction on the local mechanical and electrochemical behaviour of duplex stainless steels ［J］. Wear, 2006, 261(9): 947-953.

［30］ Shan L, Wang Y X, Zhang Y R, et al. Tribocorrosion behaviors of PVD CrN coated stainless steel in seawater［J］. Wear, 2016(362): 97-104.

［31］ Shan L, Zhang Y R, Wang Y X, et al. Corrosion and wear behaviors of PVD CrN and CrSiN coatings in seawater ［J］. Transactions of Nonferrous Metals Society of China, 2016(26): 175-184.

［32］ Zeng Q F, Xu Y T. A comparative study on the tribocorrosion behaviors of AlFeCrNiMo high entropy alloy coatings and 304 stainless steel ［J］. Materials Today Communications, 2020(24): 101261.

［33］ Ye Y W, Wang Y X, Ma X L, et al. Tribocorrosion behaviors of multilayer PVD DLC coated 304L stainless steel in seawater ［J］. Diamond and Related Materials, 2017(79): 70-78.

［34］ Li L, Liu L L, Li X W, et al. Enhanced tribocorrosion performance of Cr/GLC multilayered films for marine protective application ［J］. Acs Applied Materials & Interfaces, 2018, 10(15): 13187-13198.

［35］ Sui X D, Xu R N, Liu J, et al. Tailoring the tribocorrosion and antifouling performance of(Cr, Cu)-GLC coatings for marine application

［J］. Acs Applied Materials & Interfaces, 2018, 10(42): 36531-36539.

［36］孙静，齐元甲，刘辉，等. 海洋环境下钛及钛合金的腐蚀磨损研究进展［J］. 材料保护，2020，53（1）：156-161.

［37］Pejaković V, Totolin V, Rodríguez R M. Tribocorrosion behaviour of Ti6Al4V in artificial seawater at low contact pressures［J］. Tribology International, 2018(119): 55-65.

［38］王林青，周永涛，王军军，等. TC4 钛合金在模拟海水中腐蚀-磨损交互行为研究［J］. 摩擦学学报，2019，39（2）：78-84.

［39］Jun C. Corrosion wear characteristics of TC4, 316 stainless steel, and Monel K500 in artificial seawater［J］. Rsc Advances, 2017, 7(38): 23835-23845.

［40］Fazel M, Salimijazi H R, Shamanian M. Improvement of corrosion and tribocorrosion behavior of pure titanium by subzero anodic spark oxidation［J］. Acs Applied Materials & Interfaces, 2018, 10(17): 15281-15287.

［41］Li J L, Zhong H S, Wang Y X. Dynamic tribochemical behavior of TiN/TiCN coated Ti6Al4V in artificial seawater［J］. Rsc Advances, 2016, 6(107): 105854-105861.

［42］Dong M P, Zhu Y B, Wang C T, et al. Structure and tribocorrosion properties of duplex treatment coatings of TiSiCN/nitride on Ti6Al4V alloy［J］. Ceramics International, 2019, 45(9): 12461-12468.

［43］Totolin V, Pejakovic V, Csanyi T, et al. Surface engineering of Ti6Al4V surfaces for enhanced tribocorrosion performance in artificial seawater［J］. Materials & Design, 2016(104): 10-18.

［44］邓凯，于敏，戴振东，等. TC11 及表面改性膜层在海水中的微动磨损研究［J］. 稀有金属材料与工程，2014，43（5）：1099-1104.

［45］Dellacorte C. Novel super-elastic materials for advanced bearing applications［J］. Advances in Science and Technology, 2014(89): 1-9.

［46］Dellacorte C. The effect of indenter ball radius on the static load capacity of the superelastic 60NiTi for rolling element bearings. 2014 Society of Tribologists and Lubrication Engineers(STLE)Annual Meeting. Society of Tribologists and Lubrication Engineers: Orlando, 2014.

［47］ Dellacorte C, Wozniak W C. Design and manufacturing considerations for shockproof and corrosion-immune superelastic nickel-titanium bearings for a space station application ［R］. Cleveland: NASA Glenn Research Center, 2012.

［48］ 俞峰，陈兴品，徐海峰，等. 滚动轴承钢冶金质量与疲劳性能现状及高端轴承钢发展方向 ［J］. 金属学报，2020，56（4）：513-522.

［49］ Buehler W J, Wang F E. A summary of recent research on the nitinol alloys and their potential application in ocean engineering ［J］. Ocean Engineering, 1968, 1(1): 105-120.

［50］ Pepper S V, Dellacorte C. Lubrication of nitinol 60 ［R］. Cleveland: NASA Glenn Research Center, 2009.

［51］ Dellacorte C, Pepper S V, Noebe R, et al. Intermetallic nickel-nitanium alloys for oil-lubricated bearing applications ［R］. Cleveland: NASA Glenn Research Center, 2009.

［52］ Zeng Q F, Zhao X M, Dong G N, et al. Lubrication properties of Nitinol 60 alloy used as high-speed rolling bearing and numerical simulation of flow pattern of oil-air lubrication ［J］. Transactions of Nonferrous Metals Society of China, 2012, 22(10): 2431-2438.

［53］ Zeng Q F, Dong G N, Martin J M. Green superlubricity of Nitinol 60 alloy against steel in presence of castor oil ［J］. Scientific Reports, 2016(6): 29992.

［54］ 黄学文，董光能，周仲荣，等. TiNi 合金的耐磨机制及其摩擦学应用研究 ［J］. 材料工程，2004（6）：41-44.

［55］ Liu R, Li D Y. Modification of Archard's equation by taking account of elastic/pseudoelastic properties of materials ［J］. Wear, 2001(251): 956-964.

［56］ Oberle T L. Properties influencing wear of metals［J］. Journal of metals, 1951(3): 438-439.

［57］ Bai W Q, Cai J B, Wang X L, et al. Mechanical and tribological properties of a-C/a-C: Ti multilayer films with various bilayer periods ［J］. Thin Solid Films, 2014(558): 176-183.

［58］ Pei Y T, Galvan D, De Hosson J T M, et al. Advanced TiC/a-C: H nanocomposite coatings deposited by magnetron sputtering［J］. Journal of the European Ceramic Society, 2006, 26(4): 565-570.

［59］Łępicka M, Grądzka-Dahlke M, Pieniak D, et al. Effect of mechanical properties of substrate and coating on wear performance of TiN-or DLC-coated 316LVM stainless steel［J］. Wear, 2017(382-383): 62-70.

［60］Wang Z Y, Kang H, Chen R, et al. Enhanced mechanical and tribological properties of V-Al-C coatings via increasing columnar boundaries ［J］. Journal of Alloys and Compounds, 2019(781): 186-195.

［61］Neupane R, Farhat Z. Wear resistance and indentation behavior of equiatomic superelastic TiNi and 60NiTi［J］. Materials Sciences Applications, 2015, 6(7): 694-706.

［62］He W J, Zeng Q F. Enhanced micro/nano-tribological performance in partially crystallized 60NiTi film［J］. Friction, 2020, 9(6): 1635-1647.

［63］Xu G X, Zheng L J, Zhang F X. Influence of solution heat treatment on the microstructural evolution and mechanical behavior of 60NiTi ［J］. Journal of Alloys and Compounds, 2019(775): 698-706.

［64］Khanlari K, Ramezani M, Kelly P, et al. Reciprocating sliding wear behavior of 60NiTi as compared to 440C steel under lubricated and unlubricated conditions［J］. Tribology Transactions, 2018, 61(6): 991-1002.

［65］Dellacorte C, Stanford M K, Jett T R. Rolling contact fatigue of superelastic intermetallic materials(SIM)for use as resilient corrosion resistant bearings［J］. Tribology Letters, 2015, 57(3): 26.

［66］Dellacorte C, Noebe R D, Stanford M K, et al. Resilient and corrosion-proof rolling element bearings made from superelastic Ni-Ti alloys for aerospace mechanism applications［R］. Cleveland: NASA Glenn Research Center, 2011.

［67］Qin Q H, Wen Y H, Wang G X, et al. Effects of solution and aging treatments on corrosion resistance of as-cast 60NiTi alloy［J］. Journal of Materials Engineering and Performance, 2016, 25(12): 5167-5172.

［68］Zhang L H, Peng H B, Qin Q H, et al. Effects of annealing on hardness and corrosion resistance of 60NiTi film deposited by magnetron sputtering［J］. Journal of Alloys and Compounds, 2018(746): 45-53.

［69］ Dalmau A, Rmili W, Richard C, et al. Tribocorrosion behavior of new martensitic stainless steels in sodium chloride solution［J］. Wear, 2016(368): 146-155.

［70］ Huttunen-Saarivirta E, Kilpi L, Hakala T J, et al. Tribocorrosion study of martensitic and austenitic stainless steels in 0. 01 M NaCl solution ［J］. Tribology International, 2016(95): 358-371.

［71］ Nair R B, Arora H S, Ayyagari A, et al. High entropy alloys: prospective materials for tribo-corrosion applications［J］. Advanced Engineering Materials, 2018, 20(6): 1700946.

［72］ Dellacorte C. The effect of pre-stressing on the static indentation load capacity of the superelastic 60NiTi［R］. Cleveland: NASA Glenn Research Center, 2013.

［73］ 向先保. 杭州湾海水环境下水泵转动部件失效机理分析及耐磨陶瓷涂层防护研究［D］. 上海：上海交通大学，2007.

［74］ Dellacorte C, Glennon G N. Ball bearings comprising nickel-titanium and methods of manufacture thereof: United States, US8182741B1 ［P］. 2012-05-22.

［75］ Glennon G N, Dellacorte C. Compositions comprising nickel-titanium, methods of manufacture thereof and articles comprising the same: United States, US8377373B1［P］. 2013-09-19.

［76］ Hornbuckle B C, Yu X X, Noebe R D, et al. Hardening behavior and phase decomposition in very Ni-rich Nitinol alloys［J］. Materials Science and Engineering A, 2015(639): 336-344.

［77］ Adharapurapu R R, Jiang F C, Vecchio K S. Aging effects on hardness and dynamic compressive behavior of Ti-55Ni(at. %)alloy［J］. Materials Science and Engineering A, 2010, 527(7-8): 1665-1676.

［78］ Khanlari K, Ramezani M, Kelly P. 60NiTi: A review of recent research findings, potential for structural and mechanical applications, and areas of continued investigations［J］. Transactions of the Indian Institute of Metals, 2018, 71(4): 781-799.

［79］ 魏宝明. 金属腐蚀理论及应用［M］. 北京：化学工业出版社，1984.

［80］ Kosec T, Močnik P, Legat A. The tribocorrosion behaviour of NiTi alloy ［J］. Applied Surface Science, 2014(288): 727-735.

［81］ Wang C T, Ye Y W, Guan X Y, et al. An analysis of tribological performance on Cr/GLC film coupling with Si_3N_4, SiC, WC, Al_2O_3 and ZrO_2 in seawater ［J］. Tribology International, 2016(96): 77-86.

［82］ Chen W, Hao W H, Gao D Q, et al. Tribological behaviors of Si_3N_4-hBN against PEEK with precorrosion in seawater［J］. Tribology Transactions, 2021, 64(4): 679-692.

［83］ Nie S L, Xu W H, Yin F L, et al. Investigation of the tribological behaviour of cermets sliding against Si_3N_4 for seawater hydraulic components applications ［J］. Surface Topography-Metrology and Properties, 2019, 7(4): 045025.

［84］ Yin F L, Ji H, Nie S L. Tribological behavior of various ceramic materials sliding against CF/PTFE/graphite-filled PEEK under seawater lubrication ［J］. Proceedings of the Institution of Mechanical Engineers Part J-Journal of Engineering Tribology, 2019, 233(11): 1729-1742.

［85］ 朱禄发. 316L，2205 不锈钢的海水腐蚀磨损行为研究 ［D］. 成都：成都理工大学，2016.

［86］ Zhang Y, Yin X, Wang J, et al. Influence of potentials on the tribocorrosion behavior of 304SS in artificial seawater ［J］. Rsc Advances, 2014, 4(99): 55752-55759.

［87］ Chen J, Zhang Q, Li Q A, et al. Corrosion and tribocorrosion behaviors of AISI 316 stainless steel and Ti6Al4V alloys in artificial seawater ［J］. Transactions of Nonferrous Metals Society of China, 2014, 24(4): 1022-1031.

［88］ Firstov G S, Vitchev R G, Kumar H, et al. Surface oxidation of NiTi shape memory alloy ［J］. Biomaterials, 2002, 23(24): 4863-4871.

［89］ Tan L, Dodd R A, Crone W C. Corrosion and wear-corrosion behavior of NiTi modified by plasma source ion implantation ［J］. Biomaterials, 2003, 24(22): 3931-3939.

［90］ Ong J L, Lucas L C, Raikar G N, et al. Electrochemical corrosion analyses and characterization of surface-modified titanium ［J］. Applied

Surface Science, 1993, 72(1): 7-13.

［91］ Kuznetsov M V, Zhuravlev J F, Gubanov V A. XPS analysis of adsorption of oxygen molecules on the surface of Ti and TiN_x films in vacuum ［J］. Journal of Electron Spectroscopy and Related Phenomena, 1992, 58(3): 169-176.

［92］ Kassab E J, Gomes J P. Assessment of nickel titanium and beta titanium corrosion resistance behavior in fluoride and chloride environments ［J］. Angle Orthodontist, 2013, 83(5): 864-869.

［93］ Torres P D. Stress corrosion evaluation of nitinol 60 for the international space station water recycling system ［R］. Hampton: NASA Langley Research Center, 2016.

［94］ Chew K H, Kuwahara R, Ohno K. First-principles study on the atomistic corrosion processes of iron ［J］. Physical Chemistry Chemical Physics, 2018, 20(3): 1653-1663.

［95］ Li Y C, Wang F H, Shang J X. Ab initio study of oxygen adsorption on the NiTi(110)surface and the surface phase diagram ［J］. Corrosion Science, 2016(106): 137-146.

［96］ Liu X, Guo H M, Meng C G. Oxygen adsorption and diffusion on NiTi alloy(100)surface: A theoretical study［J］. Journal of Physical Chemistry C, 2012, 116(41): 21771-21779.

［97］ Li Q Y, Lu H, Cui J, et al. Understanding the low corrosion potential and high corrosion resistance of nano-zinc electrodeposit based on electron work function and interfacial potential difference ［J］. Rsc Advances, 2016, 6(100): 97606-97612.

［98］ Dehghani K, Khamei A A. Hot deformation behavior of 60Nitinol(Ni60wt%-Ti40wt%)alloy: Experimental and computational studies ［J］. Materials Science and Engineering: A, 2010, 527(3): 684-690.

［99］ 郭美丽. 掺杂二氧化钛的电子结构和光学特性的第一性原理研究 ［D］. 天津：天津大学，2013.

［100］ 谷景华，张跃，尚家香，等. 计算材料学基础 ［M］. 北京：北京航空航天大学出版社，2007.

［101］ Hohenberg P, Kohn W. Inhomogeneous electron gas ［J］. Physical Review B, 1964, 136(3B): B864.

［102］ Kohn W, Sham L J. Self-consistent equations including exchange and correlation effects ［J］. Physical Review, 1965, 140(4): 1133.

［103］ Ko W S, Grabowski B, Neugebauer J. Development and application of a Ni-Ti interatomic potential with high predictive accuracy of the martensitic phase transition ［J］. Physical Review B, 2015, 92(13): 134107.

［104］ Clark S J, Segall M D, Pickard C J, et al. First principles methods using CASTEP ［J］. Zeitschrift Fur Kristallographie, 2005, 220(5-6): 567-570.

［105］ Fan Y M, Zhuo Y Q, Lou Y, et al. SeO_2 adsorption on CaO surface: DFT study on the adsorption of a single SeO_2 molecule ［J］. Applied Surface Science, 2017(413): 366-371.

［106］ Monkhorst H J, Pack J D. Special points for Brillouin-zone integrations ［J］. Physical Review B, 1976, 13(12): 5188-5192.

［107］ Lu J M, Hu Q M, Yang R. Composition-dependent elastic properties and electronic structures of off-stoichiometric TiNi from first-principles calculations ［J］. Acta Materialia, 2008, 56(17): 4913-4920.

［108］ Lu J M, Hu Q M, Wang L, et al. Point defects and their interaction in TiNi from first-principles calculations ［J］. Physical Review B, 2007, 75(9): 094108.

［109］ Lu Z L, An L B, Liu Y. First principles study of adsorption of multilayer gold atoms on graphene doped with B under various concentrations ［J］. Journal of Materials Engineering, 2019, 47(4): 64-70.

［110］ Nolan M, Tofail S A M. Density functional theory simulation of titanium migration and reaction with oxygen in the early stages of oxidation of equiatomic NiTi alloy ［J］. Biomaterials, 2010, 31(13): 3439-3448.

［111］ Segall M D, Pickard C J, Shah R, et al. Population analysis in plane wave electronic structure calculations ［J］. Molecular Physics, 1996,

89(2): 571-577.

[112] Rahaman M M, Rubel M H K, Rashid M A, et al. Mechanical, electronic, optical, and thermodynamic properties of orthorhonmbic LiCuBiO$_4$ crystal: a first-priciples study [J]. Journal of Materials Research and Technology 2019, 8(5): 3783-3794.

[113] Kuroiwa Y, Aoyagi S, Sawada A, et al. Evidence for pb-o covalency in tetragonal PbTiO$_3$ [J]. Physical Review Letters, 2001, 87(21): 217601.

[114] Shi Z J, Liu S, Gao Y K, et al. Mechanism of Y$_2$O$_3$ as heterogeneous nucleus of TiC in hypereutectic Fe-Cr-C-Ti-Y$_2$O$_3$ coating: First principle calculation and experiment research [J]. Materials Today Communications, 2017(13): 80-91.

[115] Zhang Y Z, Sun X, Tan S, et al. Adsorption characteristic of Rh-doped MoSe$_2$ monolayer towards H$_2$ and C$_2$H$_2$ for DGA in transformer oil based on DFT method [J]. Applied Surface Science, 2019(487): 930-937.

[116] Cao S F, Mischler S. Modeling tribocorrosion of passive metals-A review[J]. Current Opinion in Solid State and Materials Science, 2018, 22(4): 127-141.

[117] Luo Z, Zhu H, Ying T, et al. First principles calculations on the influence of solute elements and chlorine adsorption on the anodic corrosion behavior of Mg(0001)surface [J]. Surface Science, 2018(672): 68-74.

[118] Wang H B, Hao Y L, Chen S H, et al. DFT study of imidazoles adsorption on the grain boundary of Cu(100)surface [J]. Corrosion Science, 2018(137): 33-42.

[119] Mosleh-Shirazi S, Hua G, Akhlaghi F, et al. Interfacial valence electron localization and the corrosion resistance of Al-SiC nanocomposite [J]. Scientific Reports, 2015(5): 18145.

[120] Bockris J O M, Khan S U M. Surface electrochemistry: A molecular level approach [M]. New York: Plenum Press, 1993.

[121] Gordo E, Neves R, Ferrari B, et al. Corrosion and tribocorrosion behavior of Ti-alumina composites [J]. Key Engineering Materials,

2016(704): 28-37.

［122］ 曹楚南，张鉴清. 电化学阻抗谱导论［M］. 北京：科学出版社，2002.

［123］ Meisner L. Crystal-chemical aspects of the stability of the ordered phase B2 in volume alloying of TiNi［J］. Foundations of Materials Science and Engineering, 2015(81-82): 554-574.

［124］ Zarinejad M, Liu Y, White T J. The crystal chemistry of martensite in NiTiHf shape memory alloys［J］. Intermetallics, 2008, 16(7): 876-883.

［125］ Hornbuckle B C, Noebe R D, Thompson G B. Influence of Hf solute additions on the precipitation and hardenability in Ni-rich NiTi alloys ［J］. Journal of Alloys and Compounds, 2015(640): 449-454.

［126］ Hornbuckle B C. Investigation in phase stability and mechanical attributes in nickel-rich nitinol with and without hafnium additions ［D］. Alabama: University of Alabama, 2014.

［127］ Stanford M K. Friction and wear of unlubricated NiTiHf with nitriding surface treatments［R］. Cleveland, Ohio: Glenn Research Center, 2018.

［128］ Stanford M K. Hardness and second phase percentage of Ni-Ti-Hf ［R］. Cleveland, Ohio: Glenn Research Center, 2017.

［129］ Khanlari K, Ramezani M, Kelly P, et al. Comparison of the reciprocating sliding wear of 58Ni39Ti-3Hf alloy and baseline 60NiTi ［J］. Wear, 2018(408): 120-130.

［130］ Stanfordc M K. Hot isostatic pressing of 60-Nitinol［R］. Cleveland, Ohio: Glenn Research Center, 2015.

［131］ 李言，孔祥健，郭伟超，等. 纳米压痕技术研究现状与发展趋势 ［J］. 机械科学与技术，2017，36（3）：469-474.

［132］ Bozz G, Mosca H O, del Grosso F. Energy of formation, lattice parameter and bulk modulus of(Ni, X)Ti alloys with X = Fe, Pd, Pt, Au, Al, Cu, Zr, Hf［J］. Intermetallics, 2008, 16(5): 668-675.

［133］ Khanlari K, Ramezani M, Kelly P, et al. Mechanical and microstructural characteristics of as-sintered and solutionized porous 60NiTi［J］. Intermetallics, 2018(100): 32-43.

［134］ Zhang F X, Zheng L J, Wang F F, et al. Effects of Nb additions on the precipitate morphology and hardening behavior of Ni-rich Ni55Ti45 alloys [J]. Journal of Alloys and Compounds, 2018(735): 2453-2461.

[135] Chen H, Zheng L J, Zhang F X, et al. Thermal stability and hardening behavior in superelastic Ni-rich Nitinol alloys with Al addition [J]. Materials Science and Engineering A, 2017(708): 514-522.

[136] 杜志伟，彭永刚，韩小磊，等. NiTi40 合金微观组织结构的电子显微学分析 [J]. 中国有色金属学报，2020，30（3）：587-594.

[137] Meng X L, Cai W, Zheng Y F, et al. Phase transformation and precipitation in aged Ti-Ni-Hf high-temperature shape memory alloys [J]. Materials Science and Engineering A, 2006(438): 666-670.

[138] Kaichev V V, Ivanova E V, Zamoryanskaya M V, et al. XPS and cathodoluminescence studies of HfO_2, Sc_2O_3 and$(HfO_2)(1-x)(Sc_2O_3)(x)$ films [J]. European Physical Journal-Applied Physics, 2013, 64(1): 10202.

[139] Hernandez A H, Lopez L E, Martinez G E, et al. Growth of HfO_2/TiO_2 nanolaminates by atomic layer deposition and HfO_2-TiO_2 by atomic partial layer deposition [J]. Journal of Applied Physics, 2017, 121(6): 064302.

[140] Nasehi J, Ghasemi H M, Abedini M. Effects of aging treatments on the high-temperature wear behavior of 60Nitinol alloy [J]. Tribology Transactions, 2016, 59(2): 286-291.

[141] Pei Y T, Galvan D, De Hosson J T M, et al. Advanced TiC/a-C: H nanocomposite coatings deposited by magnetron sputtering[J]. Journal of the European Ceramic Society, 2006, 26(4-5): 565-570.

[142] Leyland A, Matthews A. Design criteria for wear-resistant nanostructured and glassy-metal [J]. Surface & Coatings Technology, 2004(177): 317-324.

[143] Wang Q Z, Wu Z W, Zhou F, et al. Comparison of crack resistance between ternary CrSiC and quaternary CrSiCN coatings via nanoindentation [J]. Materials Science and Engineering A, 2015(642): 391-397.

[144] Song S Q, Cui X F, Jin G, et al. Effect of N plus Cr ions implantation on corrosion and tribological properties in simulated seawater of

carburized alloy steel〔J〕. Surface & Coatings Technology, 2020(385): 125357.

〔145〕 Ryabchikov A I, Kashkarov E B, Shevelev A E, et al. Surface modification of Al by high-intensity low-energy Ti-ion implantation: Microstructure, mechanical and tribological properties〔J〕. Surface & Coatings Technology, 2019(372): 1-8.

〔146〕 Jin J, Wang W, Chen X C. Microstructure and mechanical properties of Ti plus N ion implanted cronidur30 steel〔J〕. Materials, 2019, 12(3): 427.

〔147〕 Lee D H, Park B, Saxena A, et al. Enhanced surface hardness by boron implantation in nitinol alloy〔J〕. Journal of Endodontics, 1996, 22(10): 543-546.

〔148〕 Egeland G W, Valdez J A, Maloy S A, et al. Heavy-ion irradiation defect accumulation in ZrN characterized by TEM, GIXRD, nanoindentation, and helium desorption〔J〕. Journal of Nuclear Materials, 2013, 435(1-3): 77-87.

〔149〕 Li H, Zhang C, Liu C, et al. Improvement in corrosion resistance of CrN coatings〔J〕. Surface and Coatings Technology, 2019(365): 158-163.

〔150〕 Jia Y Q, Ba Z X, Chen X, et al. Controlled surface mechanical property and corrosion resistance of ZK60 magnesium alloy treated by zirconium ion implantation〔J〕. Surface Topography-Metrology and Properties, 2020, 8(2): 025015.

〔151〕 Jiang M, Zhang G G, Li C H, et al. Effects of rapid thermal annealing on wide band gap tungsten oxide films〔J〕. Superlattices and Microstructures, 2020(142): 106541.

〔152〕 Ozdar T, Chtouki T, Kavak H, et al. Effect of annealing temperature on morphology and optoelectronics properties of spin-coated CZTS thin films〔J〕. Journal of Inorganic and Organometallic Polymers and Materials, 2021, 31(1): 89-99.

〔153〕 Budzynski P, Kara L, Kucukomeroglu T, et al. The influence of nitrogen implantation on tribological properties of AISI H11 steel

［J］. Vacuum, 2015(122): 230-235.

［154］ Bao S L, Zhang L H, Peng H B, et al. Effects of heat treatment on martensitic transformation and wear resistance of as-cast 60NiTi alloy ［J］. Materials Research Express, 2019, 6(8): 86573.

［155］ Mahmud A, Wu Z G, Zhang J S, et al. Surface oxidation of NiTi and its effects on thermal and mechanical properties ［J］. Intermetallics, 2018(103): 52-62.

［156］ Wu Z G, Mahmud A, Zhang J S, et al. Surface oxidation of NiTi during thermal exposure in flowing argon environment ［J］. Materials & Design, 2018(140): 123-133.

［157］ Chan C M, Trigwell S, Duerig T. Oxidation of an NiTi alloy ［J］. Surface and Interface Analysis, 1990, 15(6): 349-354.

［158］ Kiss J, Revesz K, Solymosi F. Segregation of boron and its reaction with oxygen on Rh ［J］. Applied Surface Science, 1989, 37(1): 95-110.

［159］ Schreifels J A, Maybury P C, Swartz W E. X-Ray photoelectron spectroscopy of nickel boride catalysts: Correlation of surface states with reaction products in the hydrogenation of acrylonitrile［J］. Journal of Catalysis, 1980, 65(1): 195-206.

［160］ Mavel G, Escard J, Costa P, et al. ESCA surface study of metal borides ［J］. Surface Science, 1973, 35(1): 109-116.

［161］ Guimon C, Gonbeau D, Pfisterguillouzo G, et al. XPS study of BN thin films deposited by CVD on SiC plane substrates ［J］. Surface and Interface Analysis, 1990, 16(1-12): 440-445.

［162］ Brainard W A, Wheeler D R. An XPS study of the adherence of refractory carbide, silicide and boride rf sputtered wear-resistant coatings ［J］. Journal of Vacuum Science & Technology, 1978, 15(6): 1800-1805.

［163］ Pelletier H, Muller D, Mille P, et al. Structural and mechanical characterisation of boron and nitrogen implanted NiTi shape memory alloy ［J］. Surface & Coatings Technology, 2002(158): 309-317.